钩编温暖的连指手套
50款

[日] E&G 创意 / 编著
叶宇丰 / 译

中国纺织出版社

目录 *Contents*

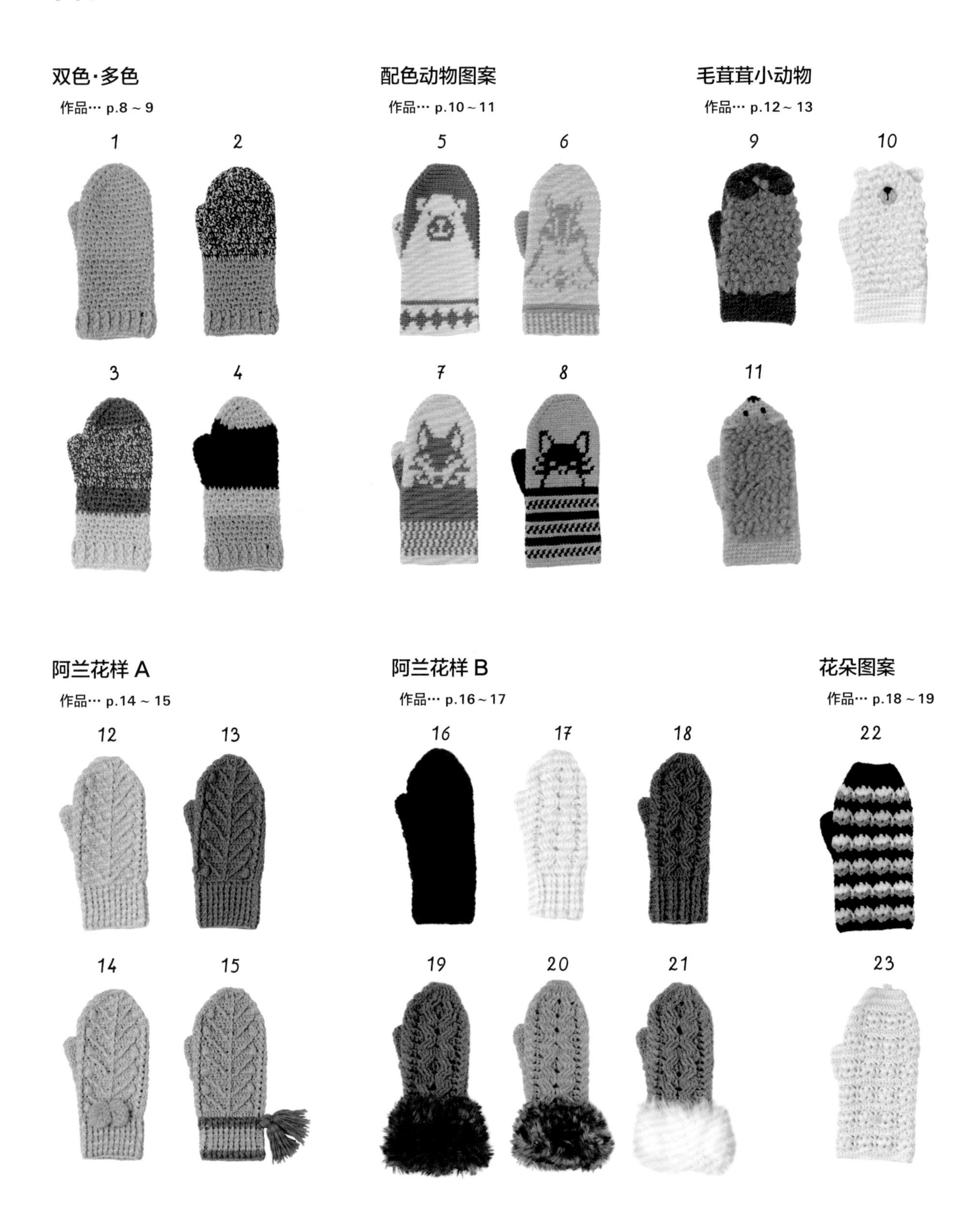

单点图案

作品… p.20～21

费尔岛配色花样

作品… p.22～23

格子・波点・锯齿

作品… p.24～25

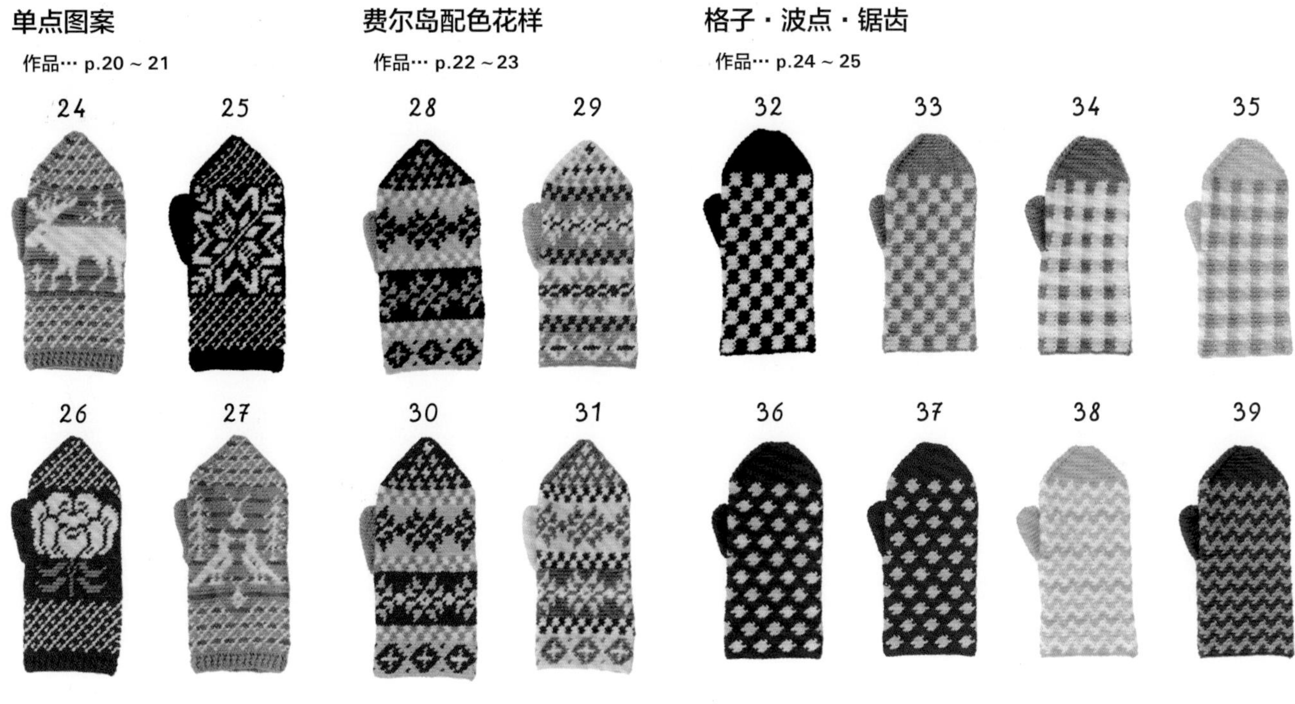

马海毛的波点 & 条纹

作品… p.26～27

花片装饰

作品… p.28～29

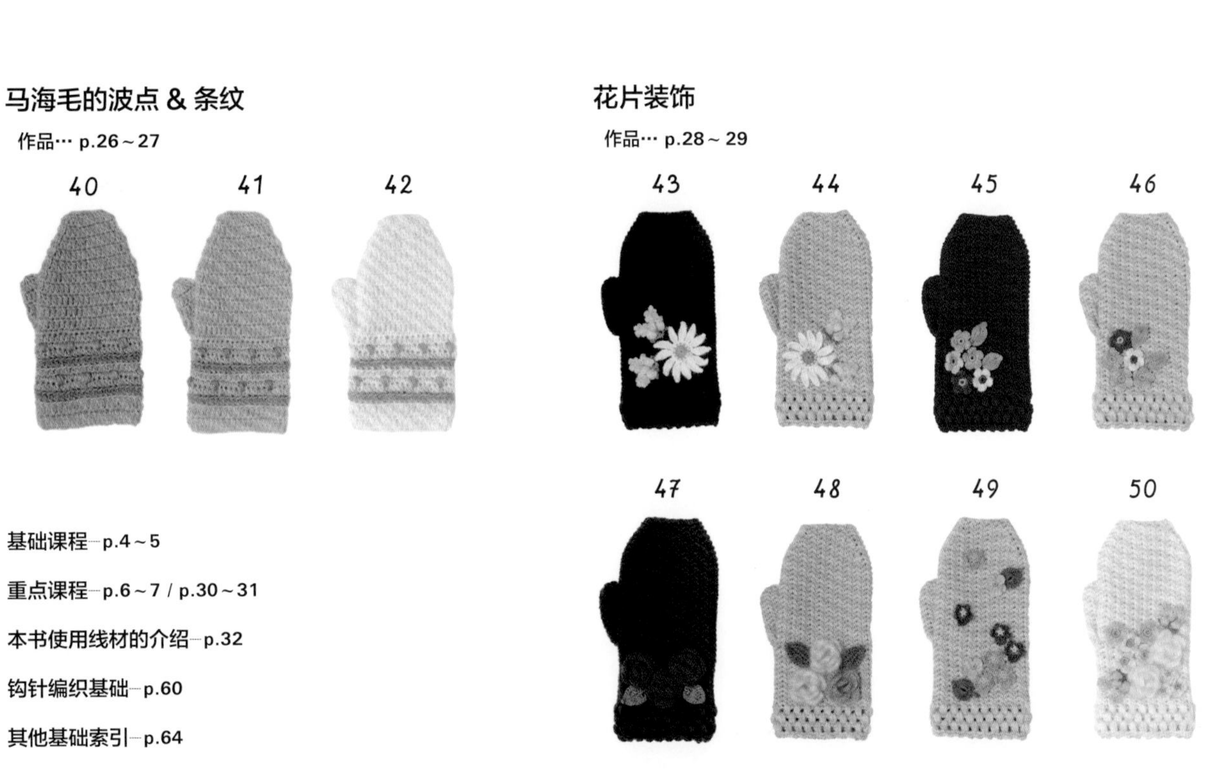

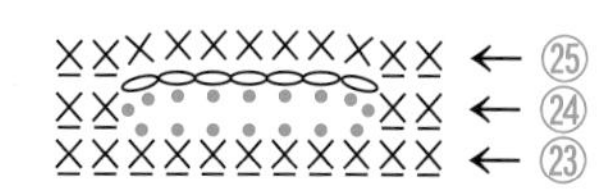

拇指位置的钩织方法 ＊此处为作品32～39的讲解。

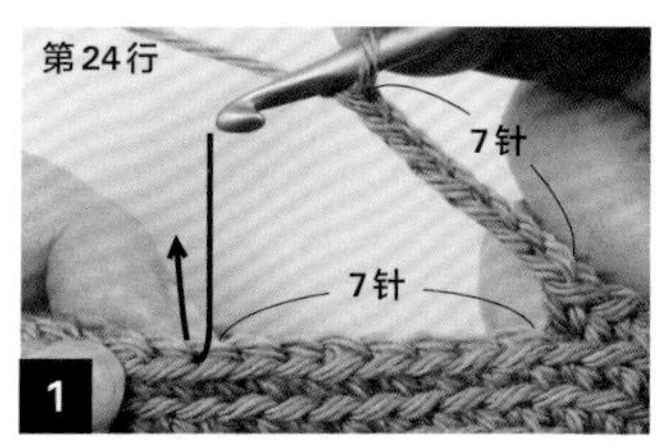

在第24行的指定位置钩7个锁针，跳过7针，在第8针的位置入针，继续钩织短针的条纹针。

拇指位置钩织完成的样子。

在钩织第25行的时候，按照箭头所示方向，将上一行7个锁针的里山挑起钩短针。

钩完7个短针后，继续钩短针的条纹针至指定行数为止（★处为拇指的钩织起点）。

拇指的钩织方法

将织物的手腕侧和指尖侧沿水平方向上下翻转，在拇指的钩织起点处（“拇指位置的钩织方法”4的★处）入针，将线钩出继续钩织（请注意，根据作品不同，拇指钩织的起始位置会有所差异）。

钩1针锁针作为起立针，再钩1针短针，接着将“拇指位置的钩织方法”1中锁针剩余的2根线挑起，钩7个短针。

在针孔左边（☆）的短针针脚位置也挑线钩1针短针。

接着在第23行的短针处同样钩7个短针，在第1个短针上引拔。拇指的第1行就完成了。

5

从第2行开始一直钩织短针的条纹针。图中为钩织了3行后的样子。接着按照图解继续钩织到第12行。

最后1行完成后，用缝针分别穿过此行8个短针的前半针。

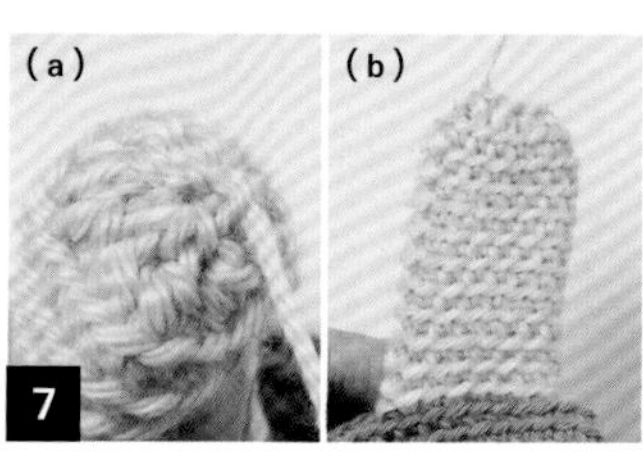

拉紧线圈(a)，藏好线头。(b)为拇指完成后的样子。

卷针缝合

▶ 全针缝的情况下

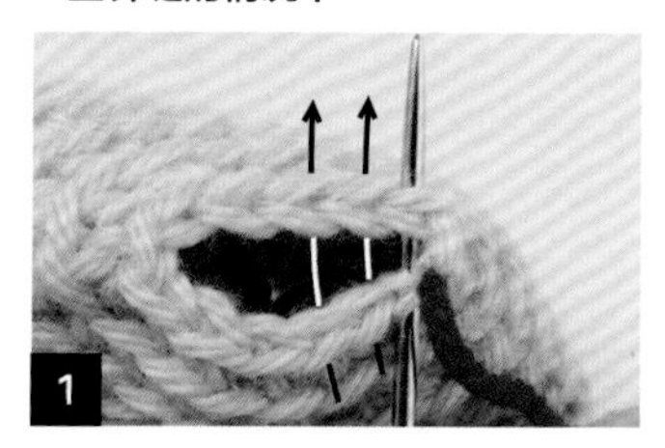

将连指手套指尖处的剩余短针合拢对齐，按照箭头所示方向入针，依次穿过短针的2根线。

2

注意不要抽得太紧以免起皱。

为了便于理解，图中缝得较松，实际操作时请将线拉到合适的松紧。

▶ 半针缝的情况下

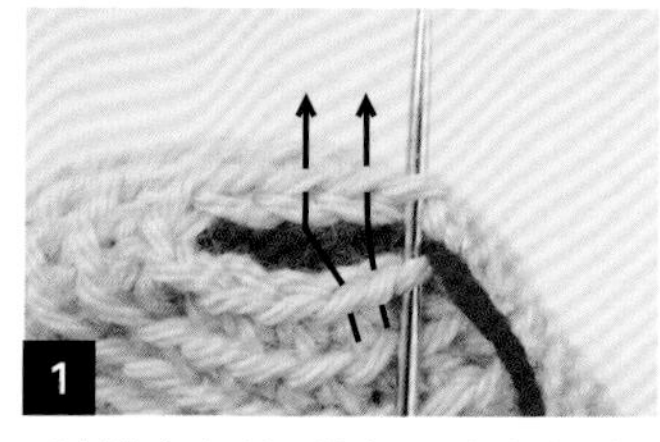

半针缝合时，按照箭头所示方向依次穿过短针的1根线。

完成后的效果比全针缝合更薄。

配色花样的钩织方法(包入渡线钩织) *此处为作品32，33的讲解。

本书中所有的配色花样均使用“短针的条纹针”钩织。圈织“短针”时，针脚会有所倾斜，而使用“短针的条纹针”钩织，可以避免针脚的倾斜，更好地表现花样之美。

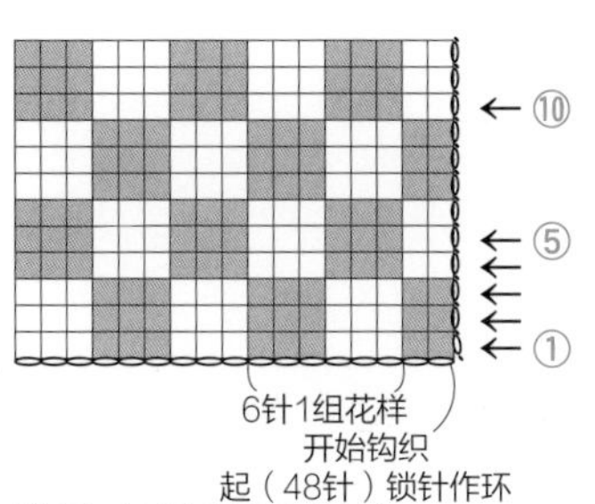

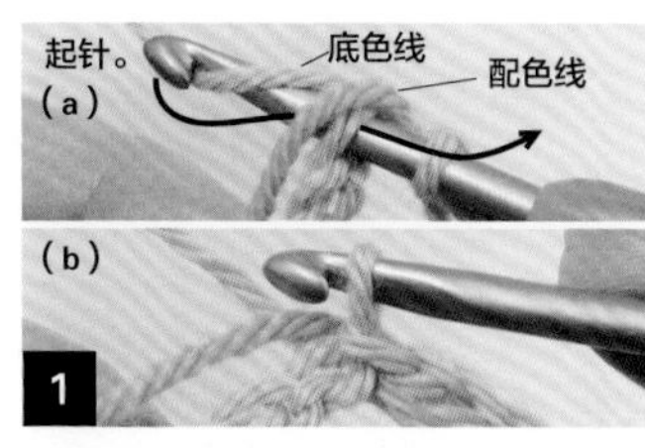

用底色线钩织到指定针数后，在起针处入针，将配色线挂在钩针上(a)，引拔出底色线(b)。

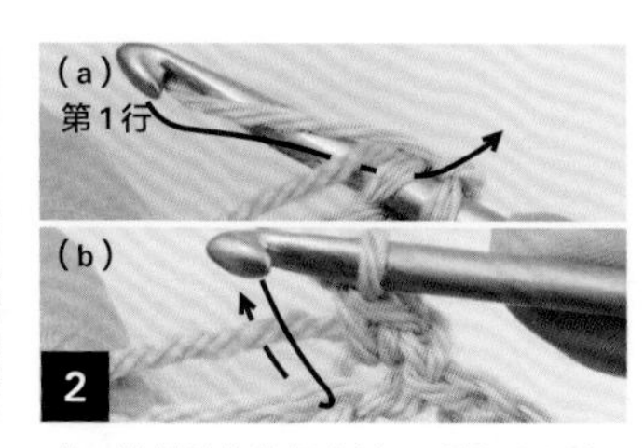

钩1针锁针作为起立针，一边包入配色线(a)，一边钩1针短针。

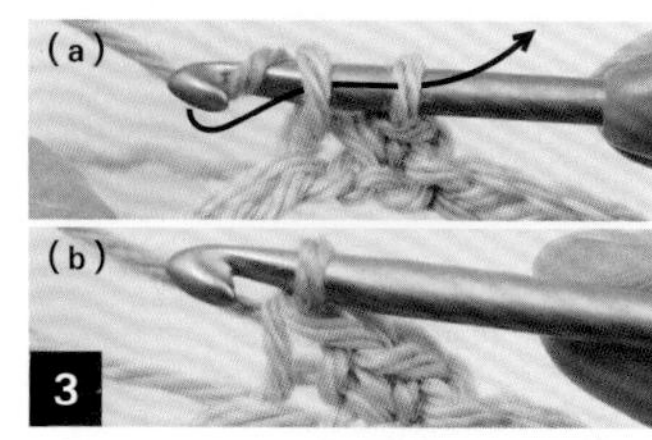

在钩第2针时，先钩1针未完成的短针，在针上挂配色线，接着按照箭头所示方向引拔。(b)为换线完成后的样子。

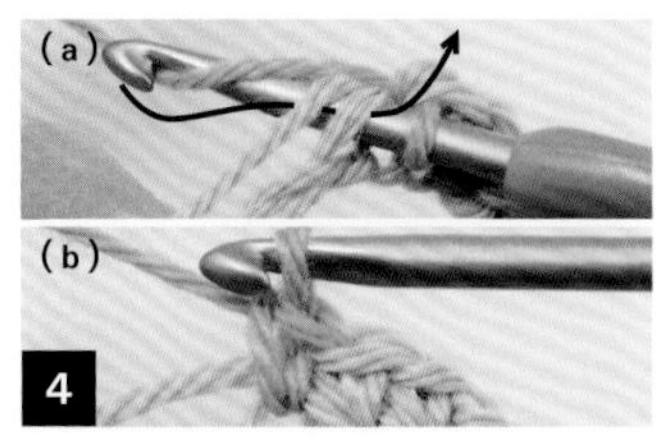

包入底色线(a)，用配色线钩3个短针。(b)为钩完1针后的样子。

在第3针最后，用和3同样的方法在针上挂底色线引拔。

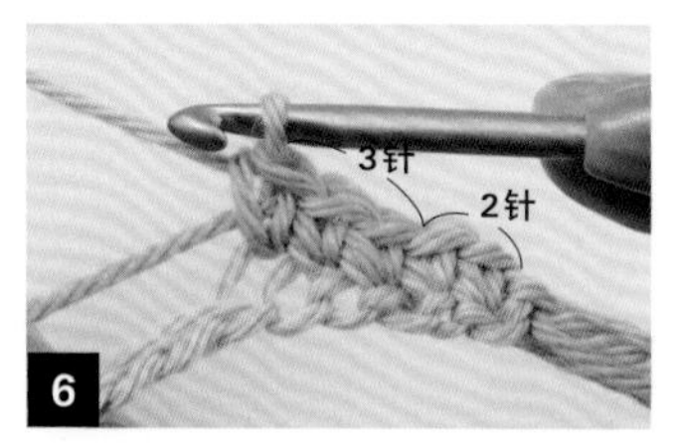

接着按照3针底色线，3针配色线的规律钩织。

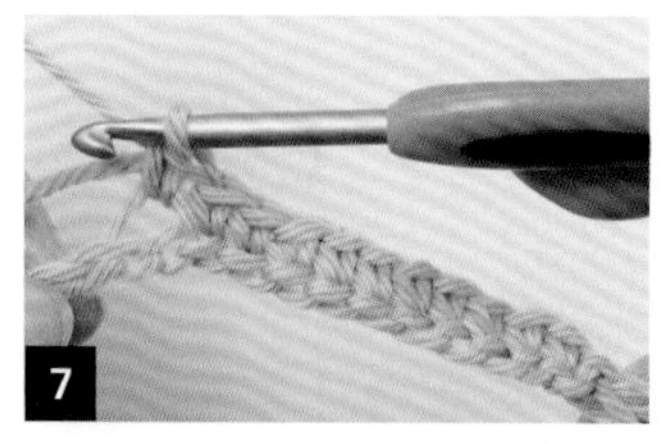

钩织过程中请时刻注意线的走向。

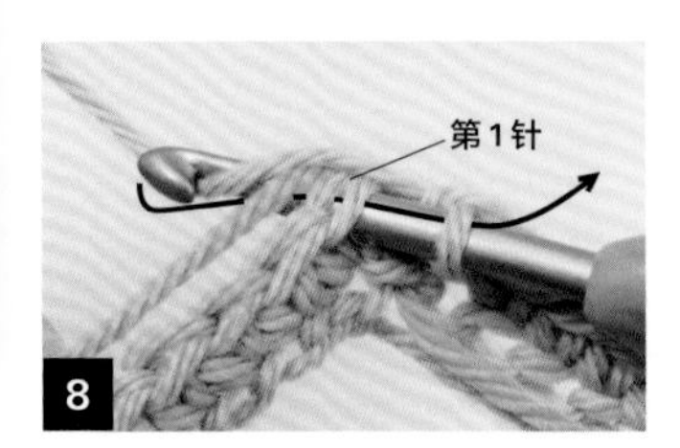

钩织到第1行最后，在第1个短针处入针挂线，按照箭头所示方向一次性引拔。

第1行完成后，第2行也用同样的方法，钩短针的条纹针，同时包入渡线。

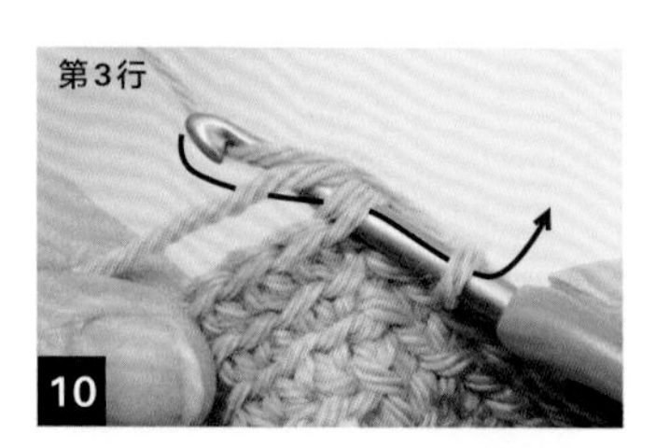

完成第3行的最后1针后，在第1针处入针，将下一行要用的配色线挂在针上引拔钩出。

第3行钩织结束，下一行要用的配色线也完成换线。

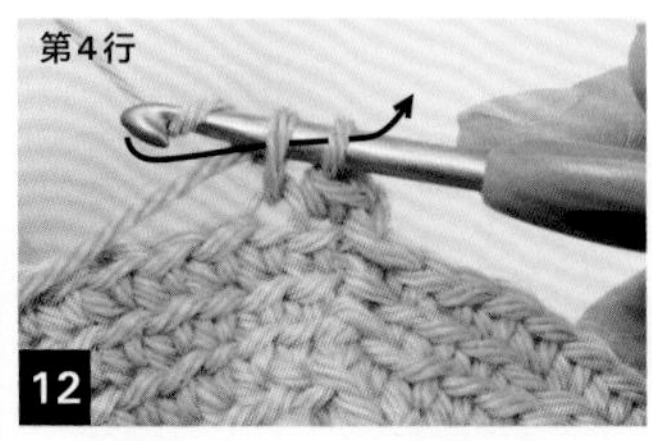

钩1针起立针，2针短针的条纹针，在第2针最后，将接下来要用的底色线挂线钩出。

一边包入渡线，一边用底色线钩3针短针的条纹针。

用同样的方法，包入渡线，按指定的配色继续钩织。

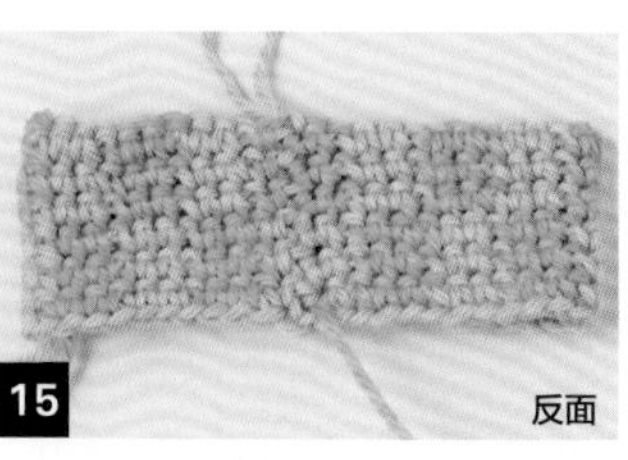

织物反面的状态。由于是一边包入渡线一边钩织的，反面没有多余的渡线，看上去十分清爽整洁。

重点课程 *PointLesson*

※为了便于理解，将图解中的线进行了替换，颜色、粗细、材质都有所不同。

9,10,11 彩图… p.13 制作方法… p.38

手背处装饰物的钩织方法

▶ 钩织羊、熊时 ＊此处以熊为例

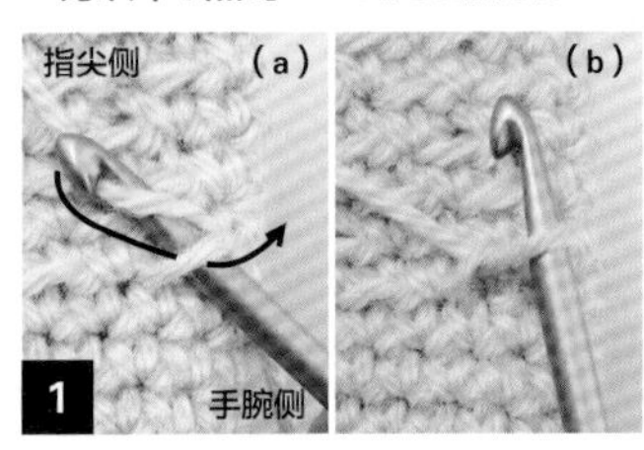

在钩织起始位置入针(a)，针上挂线引拔，将线引出(b)。

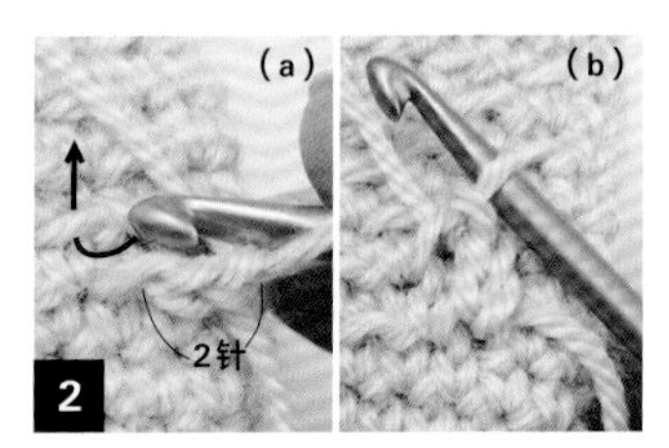

钩2针锁针(a)，按照箭头方向在这一行上方的横线处入针，将线引拔钩出。

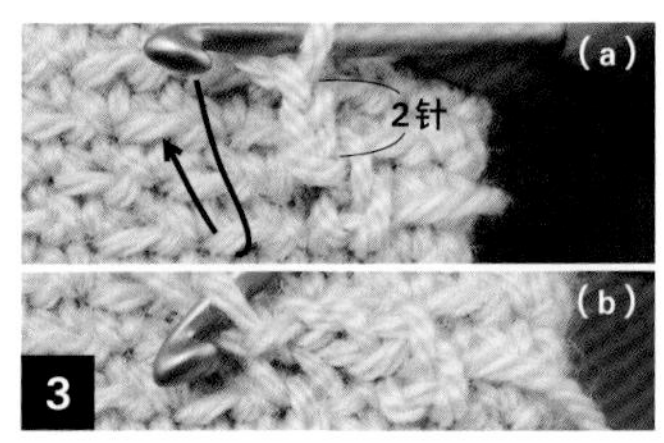

继续钩2针锁针，按照箭头所示方向在这一行下方的横线处入针，将线引拔钩出。

重复步骤**2**、**3**。

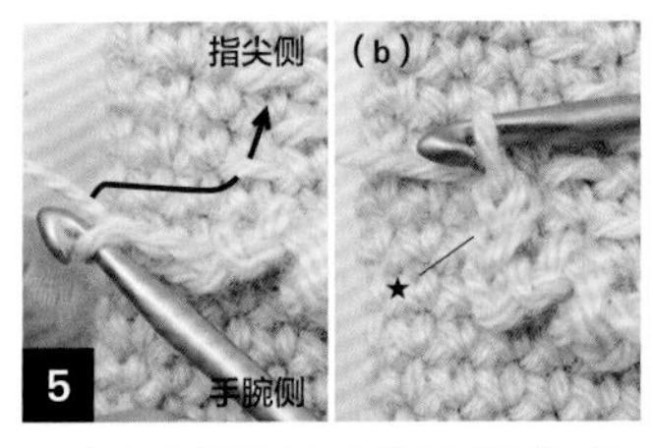

一直钩织到第1行末尾的指定位置，接着钩2针锁针，按照箭头所示方向在下一行记号处引拔。

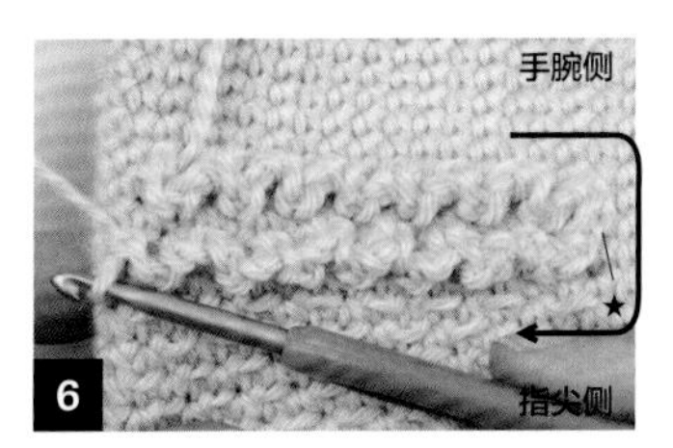

沿水平方向上下翻转织物，重复步骤**2**、**3**。

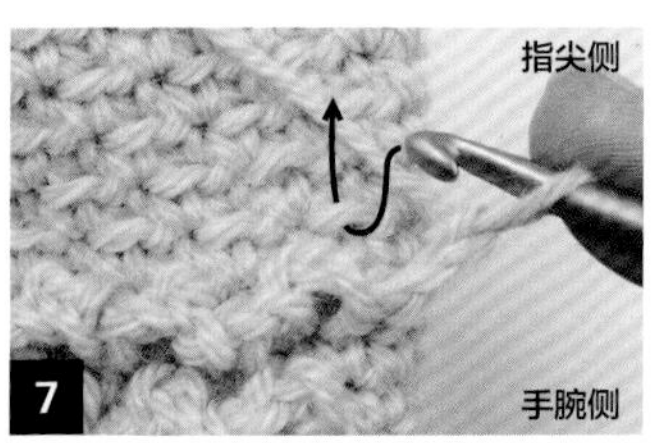

钩织到第2行末尾处，同**6**一样上下翻转织物，继续钩织第3行。

按“钩完一行后将织物上下翻转”的规律重复钩织。

▶ 钩织刺猬时

在钩织起始位置入针(a)，针上挂线引拔，钩3针锁针(b)。

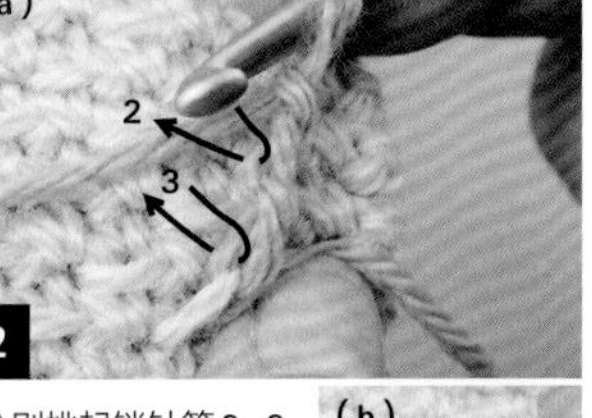

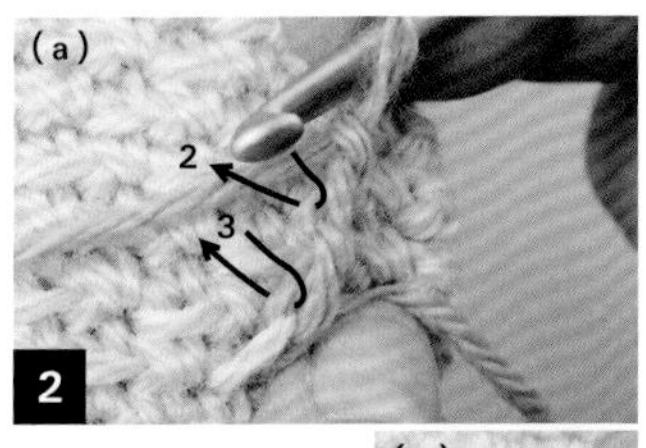

分别挑起锁针第2、3个锁针的里山，钩引拔针(a)。接着在下一个横线处入针引拔(b)。

引拔完成(a)。重复进行“钩3锁针，步骤**2**”。(b)为完成了4组花样后的状态。

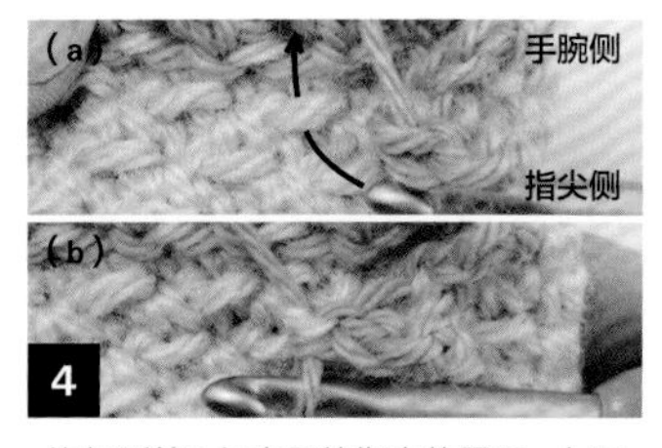

钩织到第1行末尾的指定位置后，上下翻转织物。钩织1组花样(a)，在下一行第1针的横线处引拔(b)。接下来在每两行之间都钩织1组花样。

第2行钩织了3组花样后的状态。

钩织到第2行末尾指定位置的状态。

同步骤**4**，上下翻转织物，在行与行之间钩织1组花样，在下一行第1针的横线处引拔。

钩织4行后的状态。每完成一行便上下翻转织物，重复钩织。

12，13，14，15 彩图… p.15　制作方法… p.40

外钩长针的变形右上交叉针

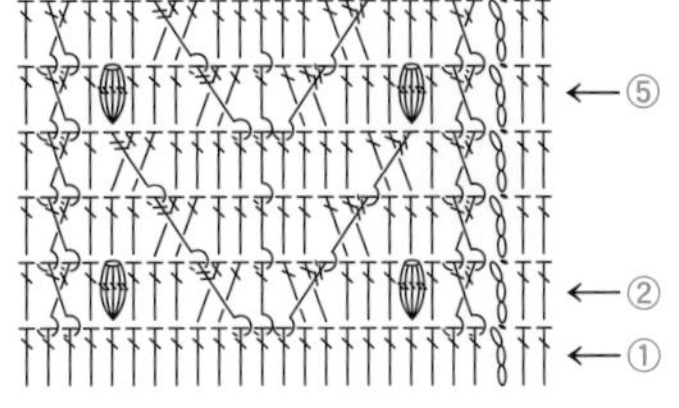

第2行

3针

1 钩3针锁针作为起立针，针上挂线，按照箭头所示方向挑起上一行的第2个长针，钩1针外钩长针。

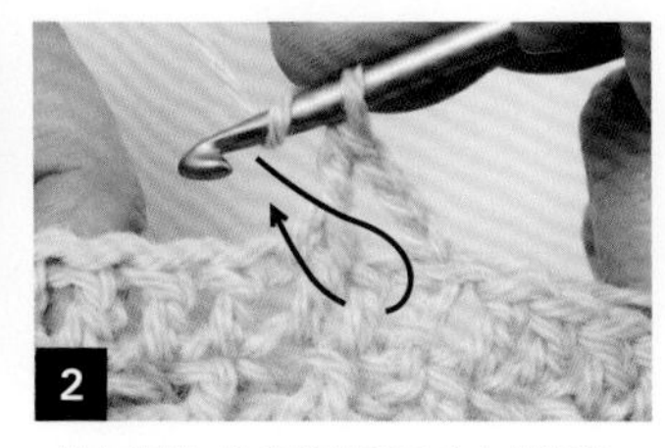

2 针上挂线，按照箭头所示方向挑起第1个长针，再钩1针外钩长针。

3 外钩长针的变形右上交叉针完成。

长针5针的爆米花针

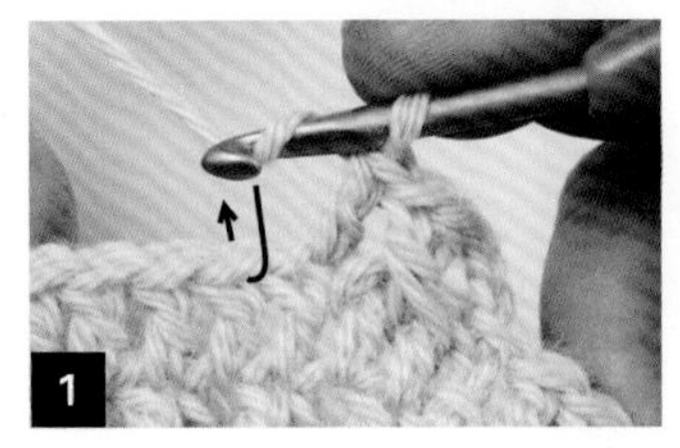

1 针上挂线，从箭头所示处入针，在同一针内钩5针长针。

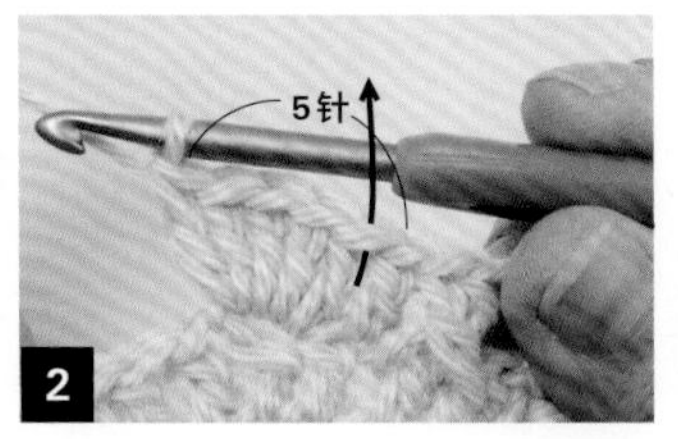

2 完成后暂时抽出钩针，在箭头处重新入针。

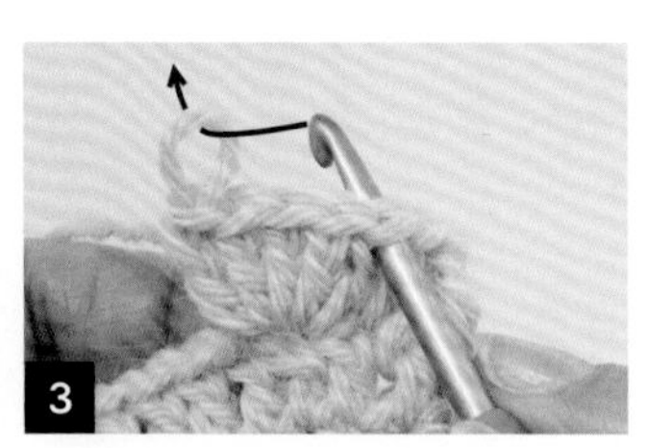

3 将步骤2中抽出的线圈再次挂在针上。

4 按照箭头所示方向引拔，接着钩1针锁针。

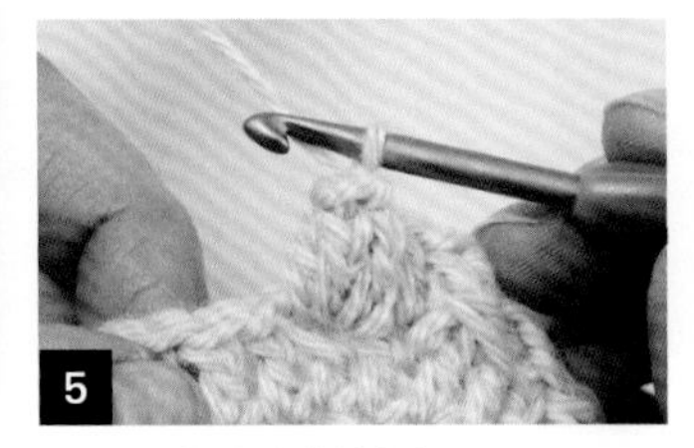

5 长针5针的爆米花针完成。

1针外钩长长针和2针长针的变形左上交叉针

1 针上挂2圈线，按照箭头所示方向挑起第3个长针，钩1针外钩长长针。

2 接着按照箭头所示方向依次在1、2处钩织长针。

3 1针外钩长长针和2针长针的变形左上交叉针完成。

1针外钩长长针和2针长针的变形右上交叉针

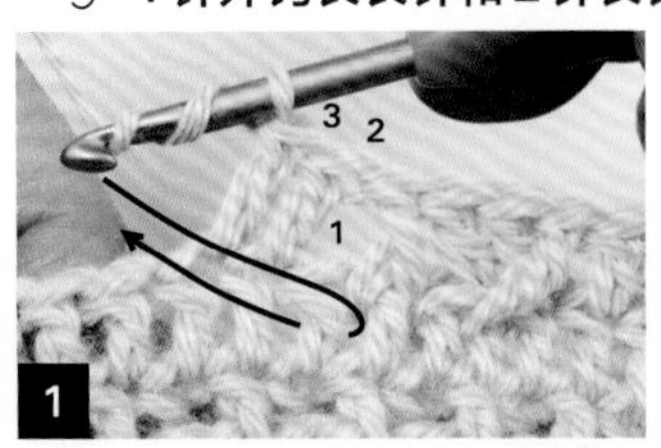

1 依次在2·3处钩织长针。接着在针上挂2圈线，按照箭头所示方向挑起1处的长针，钩1针外钩长长针。

2 1针外钩长长针和2针长针的变形右上交叉针完成。

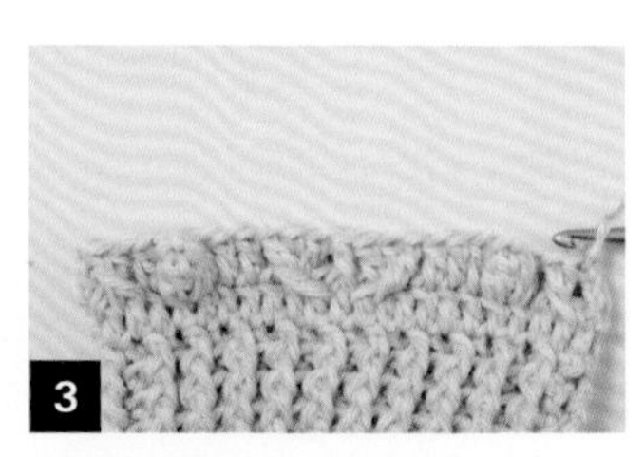

3 花样B的第2行完成后的状态。

4 钩织了5行后的状态。

双色・多色

制作方法　p.33

设计 & 制作　野口智子

使用了明亮黄色的连指手套，
用来点缀穿搭正合适。

将2种颜色的线合股后钩织，就能呈现出2、3那样的混色效果。

配色动物图案

制作方法　p.34

设计 & 制作　松本薰

通过配色花样钩织出白熊的模样，
大拇指上的肉垫图案是整双手套的亮点。

5 白熊　　6 松鼠　　7 狐狸　　8 猫

白熊、松鼠、狐狸、猫……用各自的配色在手腕处钩织出时尚的花样。

毛茸茸小动物

制作方法 p.38

重点课程 p.6

设计 & 制作 松本薰

制作有着可爱圆溜溜眼睛的小刺猬手套，
需要先在手背处钩织一部分的条纹针，
再挑起织出毛茸茸的部分。

9
羊

10
熊

11
刺猬

冬季好伙伴之毛茸茸小动物连指手套，戴上它仿佛能够暖暖地越过寒冬呢。

阿兰花样 A

制作方法　p.40

重点课程　p.7

设计　河合真弓

制作　栗原由美

人人都想拥有的阿兰花样连指手套。
阿兰花样 A，钩入了象征生命的树木元素，
称得上是阿兰花样中的经典款。
细致的花纹是它的特点。

12，13 使用简洁的单色，14，15 使用双色并加入装饰。

阿兰花样 B

制作方法　p.42

重点课程　p.31

设计　河合真弓

制作　栗原由美

阿兰花样 B 通过粗麻花传递出温暖的感觉，
使用朴素柔和的颜色，
可以轻松搭配任何服饰。

在手腕处加入了仿皮草，
马上呈现出不同的感觉。
皮草提升了品质感，
在正式场合外出时穿戴也非常合适。

花朵图案

制作方法 p.44

设计 & 制作 今村曜子

在手指处使用开口设计，
做一些简单的工作时显得十分便利。

22

23

22每一行都进行换色，由此呈现出花朵的模样。无论使用单色还是多色，都能钩织出可爱的作品。

单点图案

制作方法　p.46

设计 & 制作　沟端裕美（溝端ひろみ）

带有小鸟图案的可爱连指手套，
亮眼的配色让它成为全身穿搭的主角。

24
驯鹿

25
八角星

26
玫瑰

27
鸟

从手腕到指尖，一丝不苟地钩入配色花样，完成后的成就感让人格外开心。

费尔岛配色花样

制作方法　p.48

设计＆制作　沟端裕美（溝端ひろみ）

拥有经典配色的费尔岛花样。
用钩针也能将如此细致的色彩搭配表现出来。

28 29 30 31

在制作时思索色彩搭配，体会时间的缓缓流逝，也是钩织费尔岛花样的乐趣之一。快来搭配自己喜欢的色彩吧。

格子・波点・锯齿

制作方法　p.50

设计 & 制作　今村曜子

用2种颜色可以钩出市松花纹，
用3种颜色便成了可爱的条格花纹。
使用不同的配色便能让印象大不同。

乍一看觉得很复杂的配色图案，
其实只要重复相同的花样就能轻松钩织了。

马海毛的波点 & 条纹

制作方法　p.54
重点课程　p.30
设计 & 制作　野口智子

给人以柔软印象的马海毛连指手套。
用不同的颜色钩入枣形针，
营造出可爱的感觉。

在手腕处钩织好花样后，再钩数行长针就能将手套完成。是既简单又实用的款式。

花片装饰

制作方法 p.56

重点课程 p.31

设计 & 制作 远藤裕美(遠藤ひろみ)

用花片装饰的连指手套充满了雅致感。
平面的花、立体的花，
无论哪种款式都非常可爱。

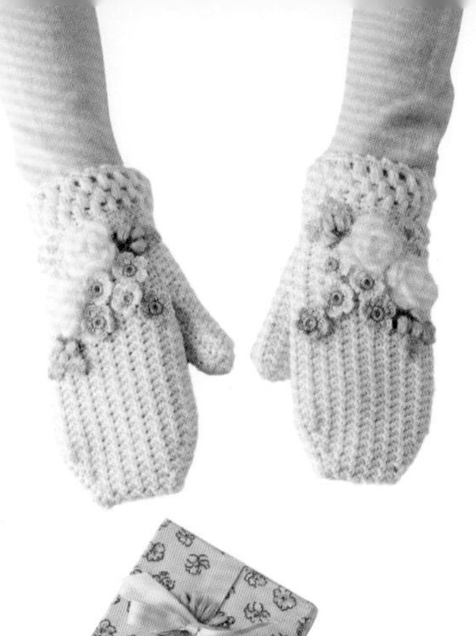

装饰上一种花片就很可爱了，
也可以像50款一样，在手套上铺满自己喜爱的花，
来制作属于你的小花园吧。

重点课程 *PointLesson*

※为了便于理解，将图解中的线进行了替换，颜色、粗细、材质都有所不同。

40，41，42 彩图… p.26 制作方法… p.54

彩图… p.26 制作方法… p.54

配色线的换线方法

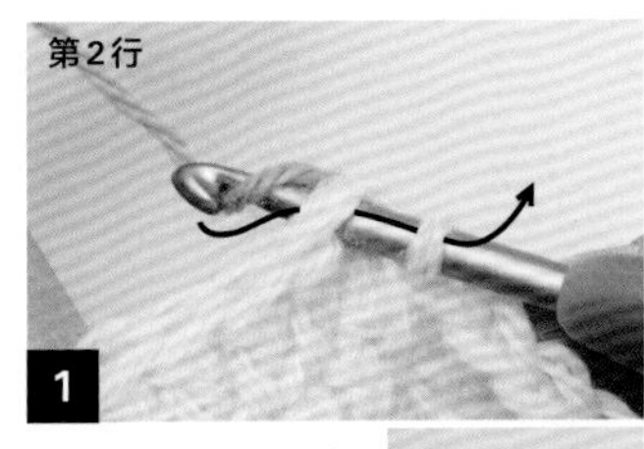

第2行最后的长针完成后，在起立针的第3个锁针处入针，底色线暂时不钩，针上挂配色线，引拔钩出。

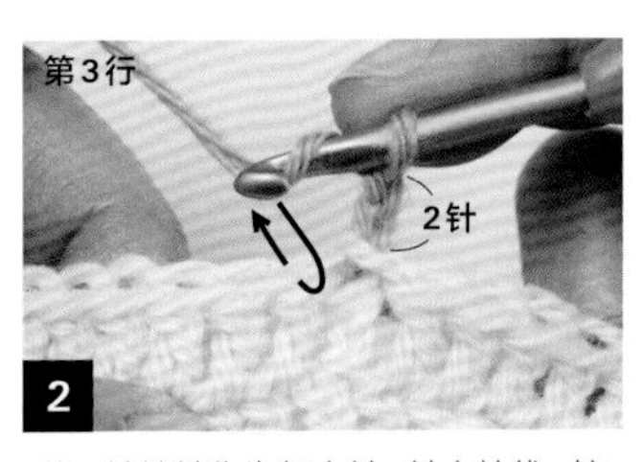

钩2针锁针作为起立针，针上挂线，按照箭头所示方向挑起上一行长针的后半针，钩1针中长针。

1针中长针的条纹针完成。

完成10针后的状态。上一行留下的前半针呈现条纹状。

中长针4针的枣形针

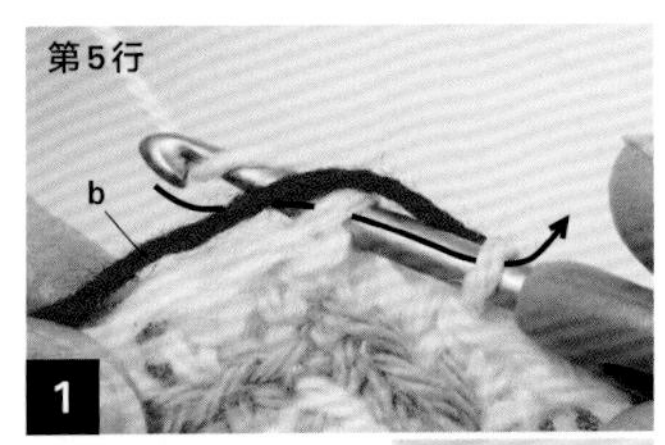

在第4行最后，将配色线b挂在针上，引拔钩出底色线。右下图中为引拔完成后的状态。

包入配色线钩1针锁针作为起立针。

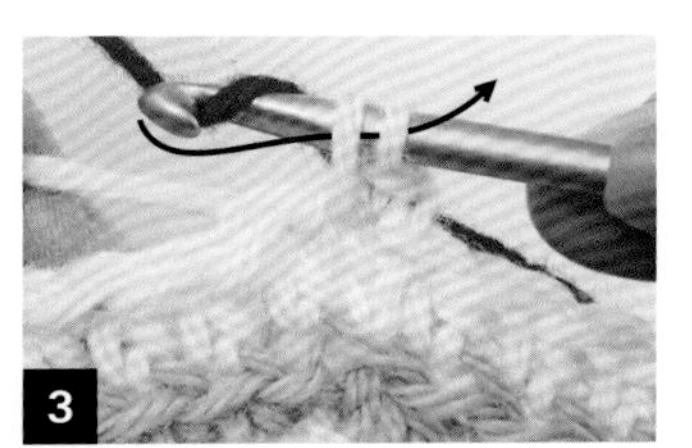

接着钩1针未完成的短针条纹针，针上挂配色线b，按照箭头所示方向引拔钩出。

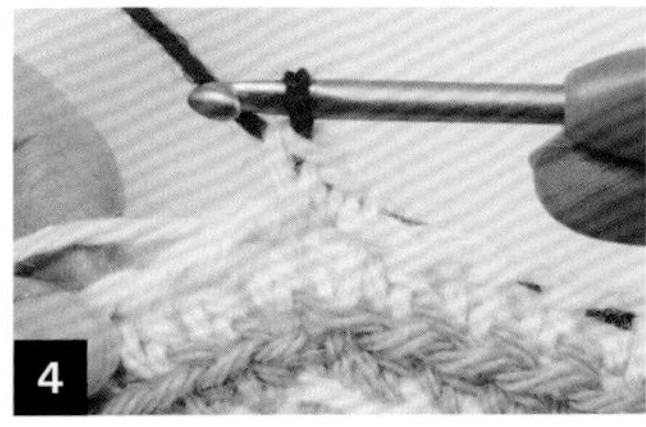

配色线b替换完成。

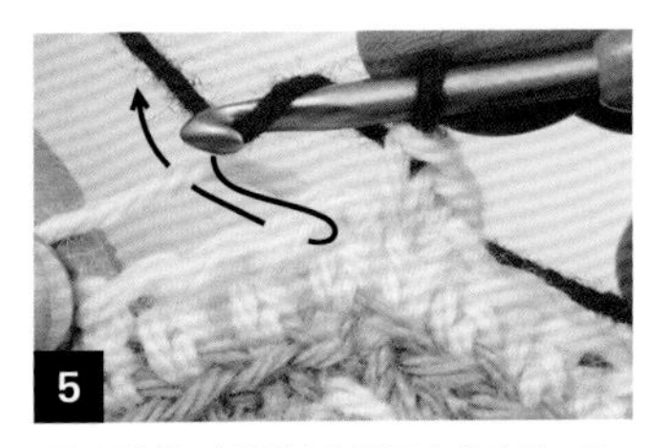

针上挂线，按照箭头所示方向入针，挂线钩出。

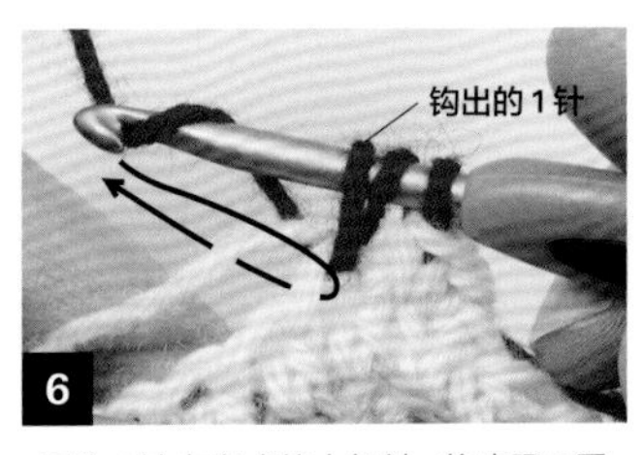

图为1针未完成的中长针。将步骤5重复3次。

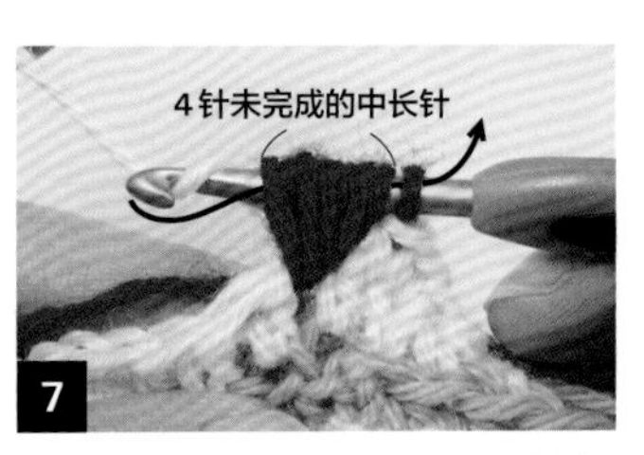

4针未完成的中长针完成。针上挂底色线，按照箭头所示方向一次性引拔钩出。

用配色线b完成中长针4针的枣形针后，将钩织线替换成底色线的样子。

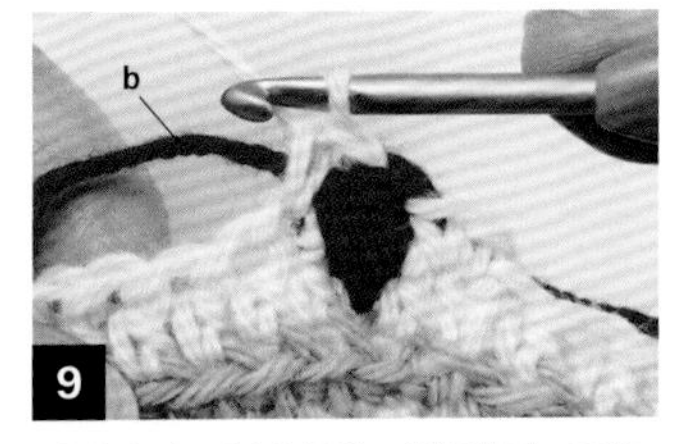

在钩织枣形针之间的4针短针时，要将配色线b包入钩织。

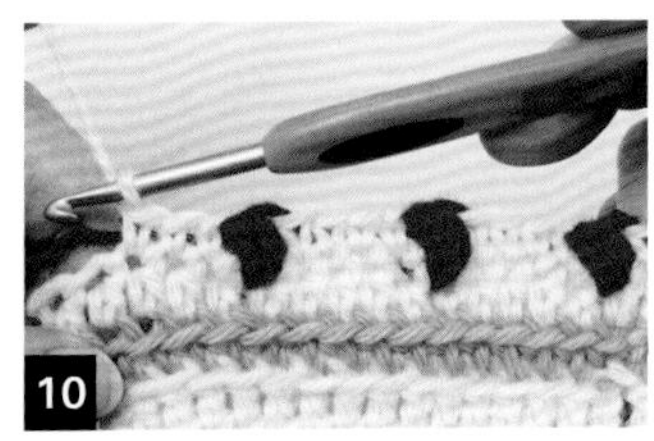

重复步骤5~9。

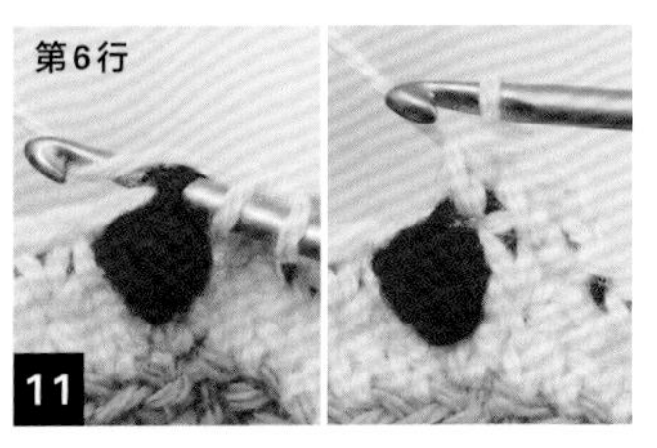

在钩织第6行的中长针时，不要忘记上一行的枣形针部分也占1针，需钩1针。

第6行完成后的状态。

16-21 彩图… p.16～17 制作方法… p.42

3针外钩长长针和3针长长针的变形右上交叉针

针上挂2圈线，按照4、5、6的顺序依次钩长长针。

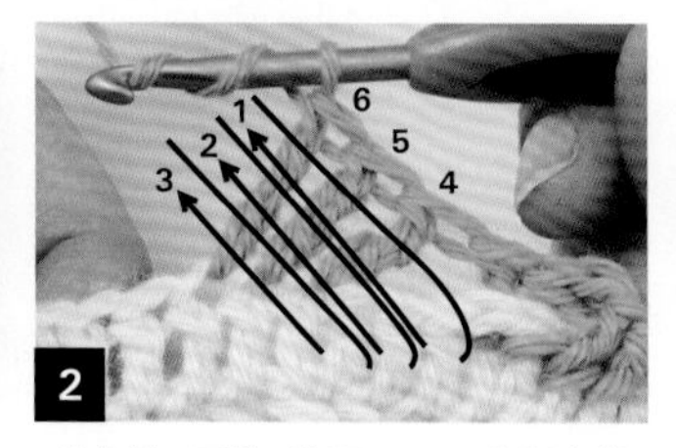

针上挂2圈线，按照1、2、3的顺序挑起上一行的长针，按照箭头所示方向依次钩外钩长长针。

1针外钩长长针完成。接着用同样的方法在2、3针处挑起钩织外钩长长针。

3针外钩长长针和3针长长针的变形右上交叉针完成。

3针外钩长长针和3针长长针的变形左上交叉针

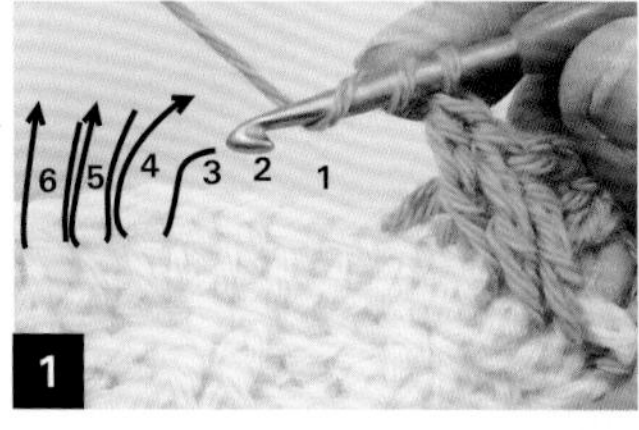

针上挂2圈线，按照4、5、6的顺序挑起上一行的长针，按照箭头所示方向依次钩外钩长长针。

针上挂2圈线，从步骤1中钩好的3针针脚后方入针，按照1、2、3的顺序依次钩长长针。

1针长长针完成。接着用同样的方法在2、3针处钩织长长针。

3针外钩长长针和3针长长针的变形左上交叉针完成。

47,48,50 彩图… p.29 制作方法… p.56

玫瑰花的钩织方法

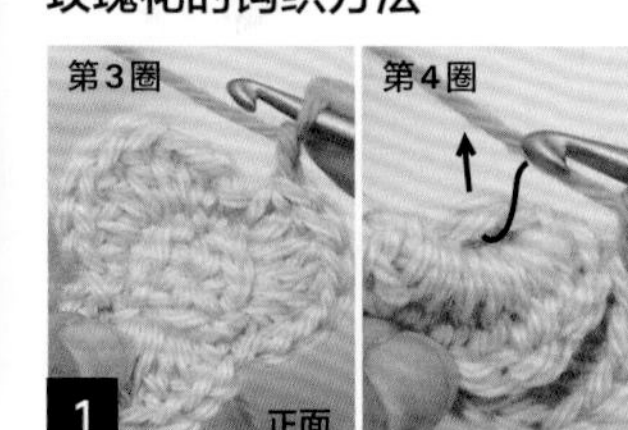

图示为第3圈最后的2针锁针完成后的状态。接着按照箭头所示方向在第1圈的指定位置的反面入针，钩织第4圈的短针。

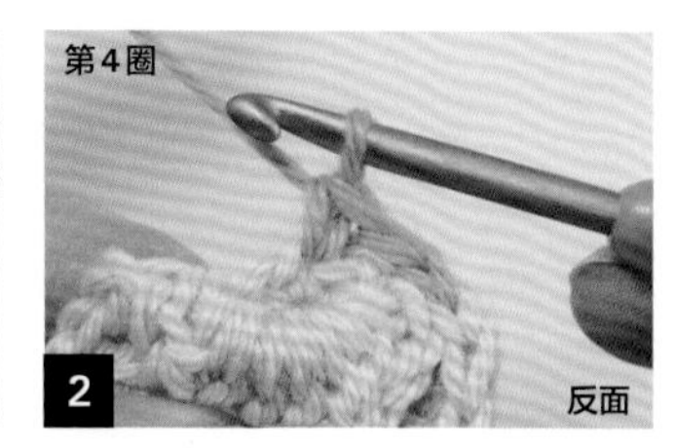

第4圈的第1针短针完成。钩6针锁针后，同样在第1圈的短针处入针，钩短针。重复2次。

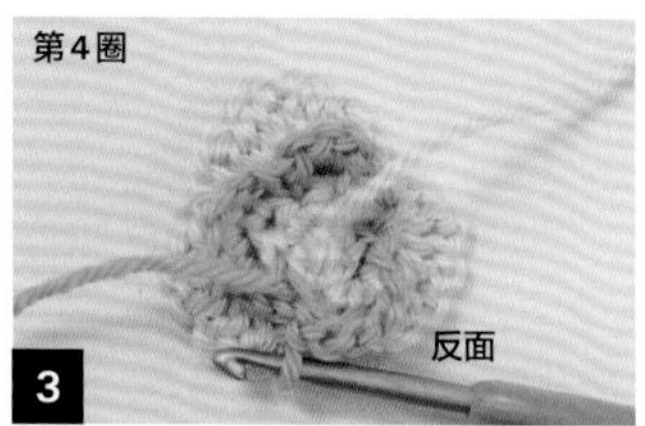

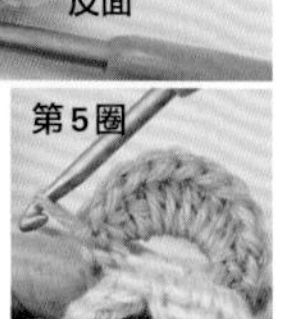

第4圈最后的锁针完成后，在这1圈起始位置入针引拔，钩1针锁针，接着钩织第5圈。

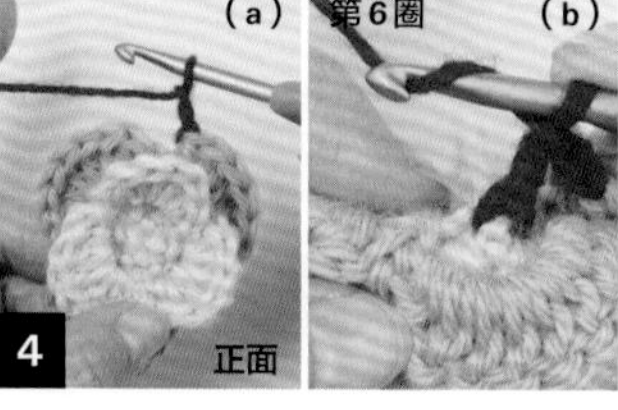

第5圈最后的2针锁针完成后的状态(a)。针上挂线，挑起第2圈中的短针，钩内钩长针(b)。

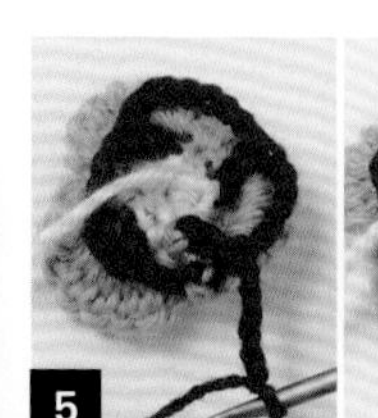

第6圈的最后1针内钩长针要挑起第1圈的短针进行钩织。右图为完成后的状态。

接着钩织第7圈。

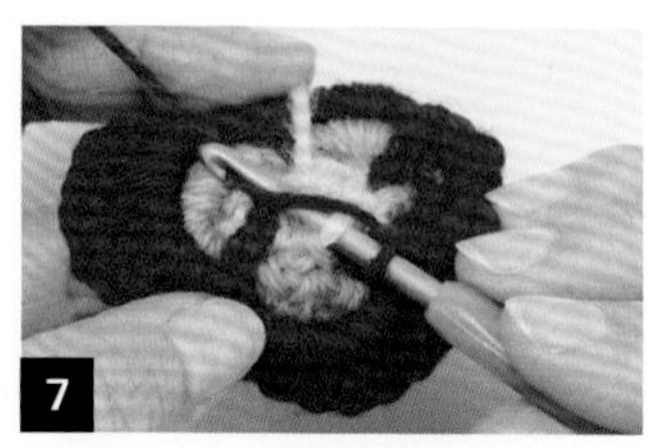

第7圈最后1针锁针完成后，在第1圈的短针(花样图中的⊗)处入针，引拔钩出。

玫瑰花完成。

Materialguide 本书使用线材的介绍

※图片为实物大小

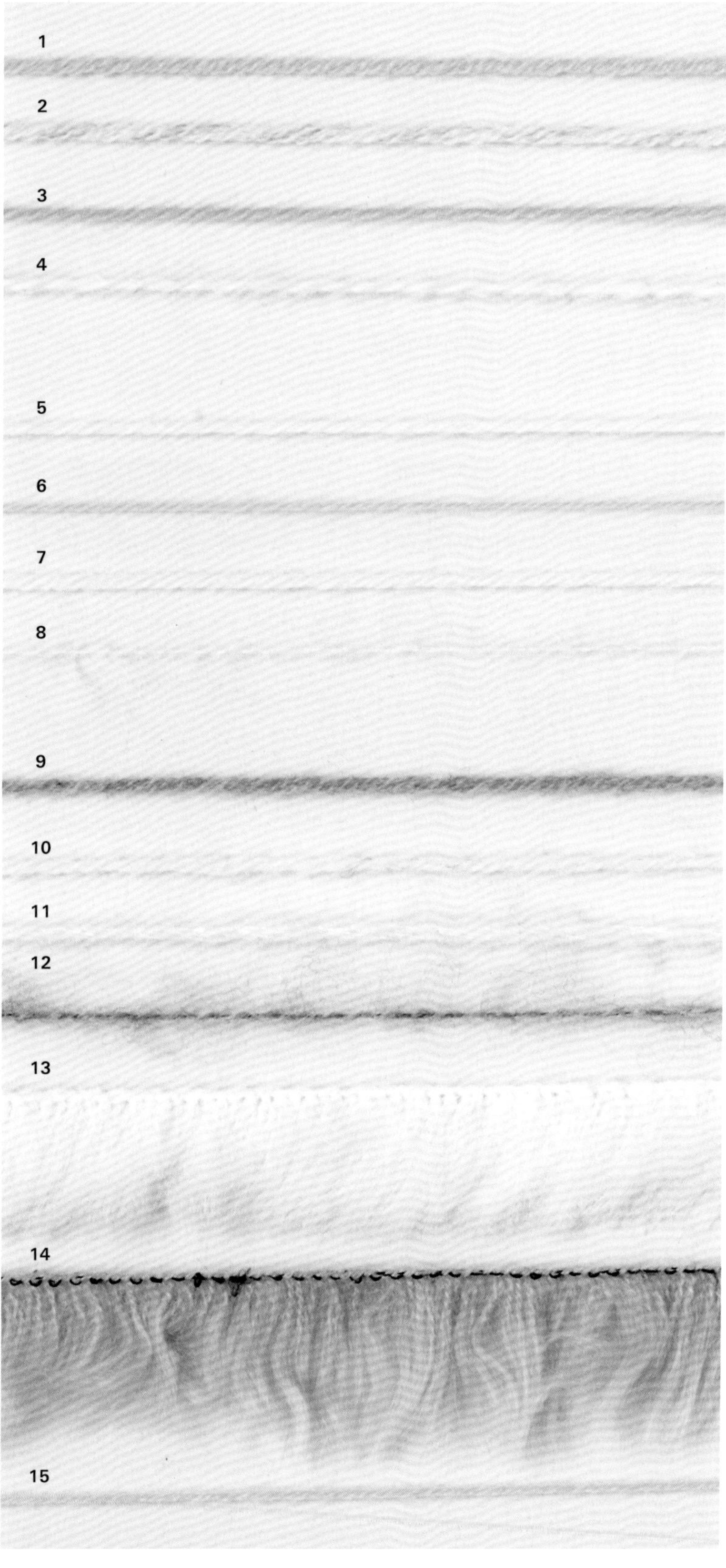

DIAMOND

1 **Tasmanian Merino　http://www.diakeito.co.jp/**
羊毛（塔斯马尼亚美利奴）100%、40g/团、约120m、30色、钩针4/0~5/0号

2 **Tasmanian Merino＜Tweed＞**
羊毛（塔斯马尼亚美利奴）100%、40g/团、约120m、10色、钩针4/0~5/0号

3 **DIAGOLD（中细）**
羊毛100%、50g/团、约200m、36色、钩针3/0~4/0号

4 **Diamohairdeux＜Alpaca＞**
马海毛（儿童马海毛）40%·羊驼毛（儿童特级马海毛）10%·腈纶50%、50g/团、约160m、16色、钩针5/0~6/0号

PUPPY　http://www.puppyarn.com/

5 **Puppy New 4PLY**
羊毛100%（防缩水加工）、40g/团、约150m、32色、钩针2/0~4/0号

6 **Puppy New 3PLY**
羊毛100%（防缩水加工）、40g/团、约215m、30色、钩针1/0~3/0号

7 **Princess Anny**
羊毛100%（防缩水加工）、40g/团、约112m、35色、钩针5/0~7/0号

8 **Kid Mohair fine**
马海毛79%（使用超细软马海毛）·尼龙21%、25g/团、约225m、28色、钩针0~3/0号

DARUMA　http://www.daruma-ito.co.jp/

9 **Airy Wool Alpaca**
羊毛（美利奴）80%·羊驼毛（皇家婴儿羊驼毛）20%、30g/团、约100m、9色、钩针6/0~7/0号

10 **Shetland Wool**
羊毛100%（设得兰羊毛）、50g/团、约136m、9色、钩针6/0~7/0号

11 **Soft Tam**
腈纶54%·尼龙31%·羊毛15%、30g/团、约58m、15色、钩针8/0~9/0号

12 **Wool Mohair**
马海毛（儿童马海毛36%、儿童特级马海毛20%）56%·羊毛（美利奴）44%、20g/团、约46m、8色、钩针9/0~10/0号

13 **Mink Touch Far**
腈纶线60%·腈纶35%（仿皮草部分）·涤纶5%、约15m、3色、钩针8~10mm

14 **Fake Far**
腈纶95%·涤纶5%、约15m、5色、钩针8~10mm

15 **Demi Lame**
腈纶70%·羊毛30%、5g/团、约19m、30色、钩针2/0~3/0号

＊ **1~15**从左至右分别表示：线材名称/材质/重量/线长/色号数目/适用针号

＊ 部分线材由于色号不同，材质可能有所差异。

＊ 由于印刷的原因，可能存在色差。

1,2,3,4　双色·多色

彩图… p.8~9

＊ 材料和工具

线材　DIAMOND　DIAGOLD（中细）

1　黄色（245）…39g、浅灰色（101）…30g

2　粉色（336）…30g、白色（36）· 藏青色（1148）…各20g

3　水蓝色（365）…22g、灰色（110）…20g、米白色（273）· 红色（605）…各14g

4　深绿色（364）…28g、淡粉色（253）…22g、米色（369）…20g

针　钩针8/0号

＊ 钩织密度　花样A　16针×10行

花样B　16针×14行

＊ 成品尺寸　掌围20cm、长22cm

＊ 钩织方法

1　使用2根线钩织主体（配色参照表格）

起32针锁针，在第1针上引拔作环。第1行挑起锁针的半针和里山，钩织长针。钩3行花样A。接着将花样B不加不减钩至第21行，钩织过程中在拇指位置钩5针锁针，制作拇指的开口（请注意左右开口位置的不同）。指尖部分按照花样图进行5行减针，将最后剩下的8针穿线抽紧。

2　钩织拇指

在拇指位置挑12针，接着圈织9行花样B。最后一行将剩余的12针穿线抽紧，完成。

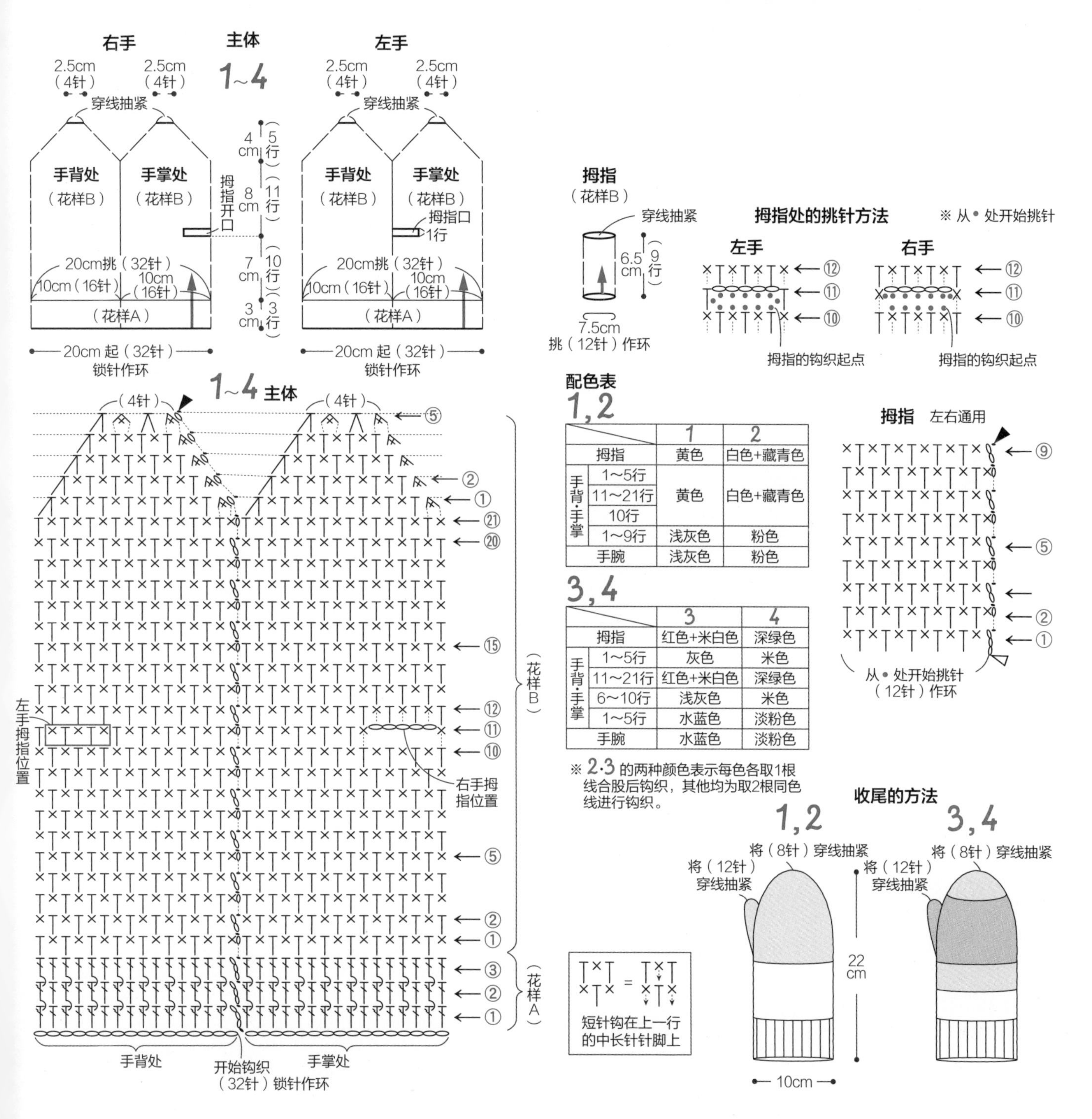

配色表

1,2

		1	2
拇指		黄色	白色+藏青色
手背·手掌	1~5行		
	11~21行	黄色	白色+藏青色
	10行		
	1~9行	浅灰色	粉色
手腕		浅灰色	粉色

3,4

		3	4
拇指		红色+米白色	深绿色
手背·手掌	1~5行	灰色	米色
	11~21行	红色+米白色	深绿色
	6~10行	浅灰色	米色
	1~5行	水蓝色	淡粉色
手腕		水蓝色	淡粉色

※ 2·3 的两种颜色表示每色各取1根线合股后钩织，其他均为取2根同色线进行钩织。

5,6,7,8　配色动物图案

彩图… p.10～11

＊ 材料和工具

线材　DIAMOND

5　Tasmanian Merino　白色（701）…45g、蓝色（746）…20g

6　Tasmanian Merino　苔绿色（747）…35g、Tasmanian Merino<Tweed>　米色（911）…34g

7　Tasmanian Merino　橘黄色（744）…32g、黄色（749）…36g

8　Tasmanian Merino　浅粉色（745）…36g、黑灰色（729）…32g

针　钩针6/0号

＊ 钩织密度　短针的条纹针　24针×18行

＊ 成品尺寸　掌围21cm、长23cm

＊ 钩织方法

1　钩织主体

起50针锁针，在第1针上引拔作环。第1行挑起锁针的里山钩短针。从第2行开始，用短针的条纹针按照配色图案不加不减地钩织至第33行，钩织过程中在拇指位置钩7针锁针，制作拇指的开口（请注意左右开口位置的不同）。指尖部分按照花样图进行8行减针，最后将剩下的9针卷针缝合（参照p.4全针缝）。

2　钩织拇指

在拇指位置挑16针，钩11圈短针的条纹针。最后一行将剩余的8针穿线抽紧，完成。

5~8 主体

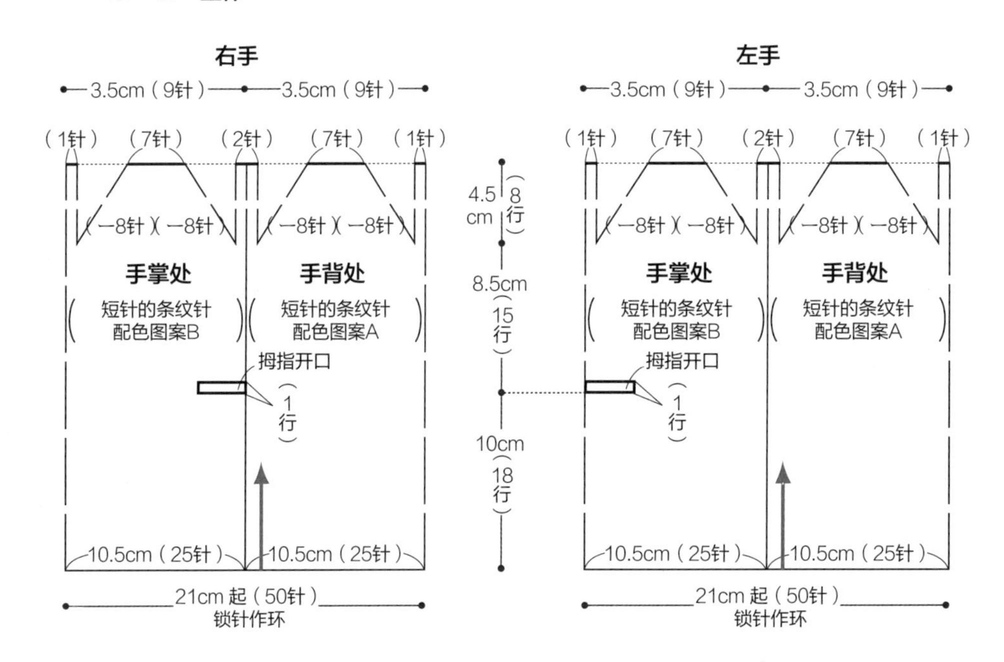

5~8 完成图

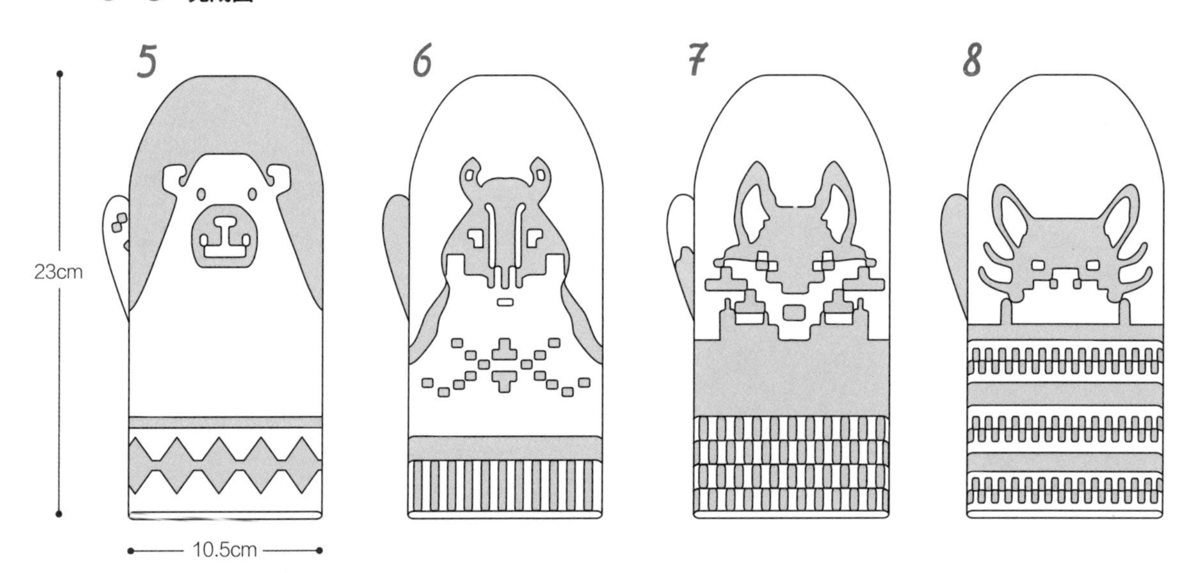

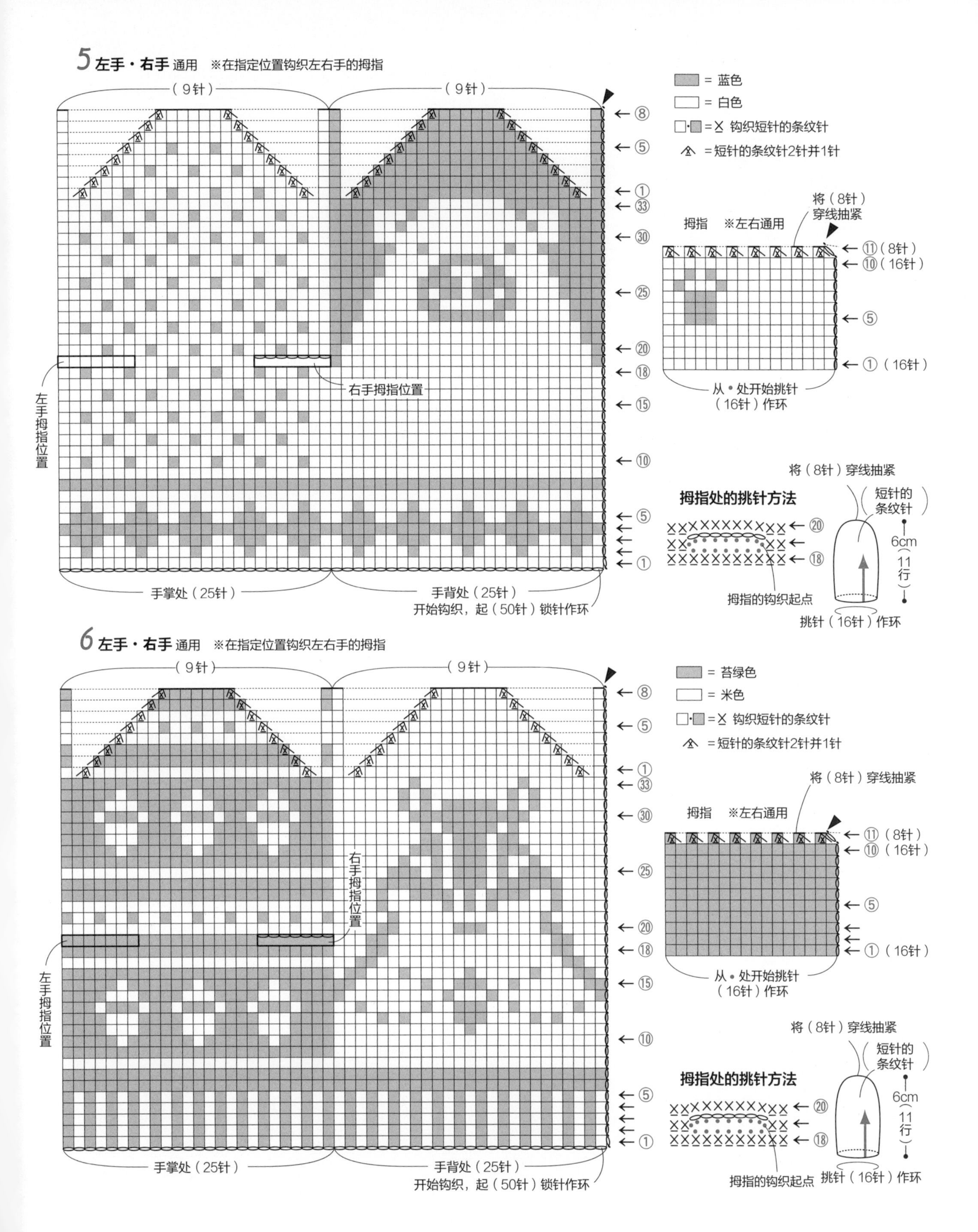
5 左手・右手 通用 ※在指定位置钩织左右手的拇指
（9针）
（9针）
= 蓝色
= 白色
= 钩织短针的条纹针
= 短针的条纹针2针并1针
拇指 ※左右通用
将（8针）穿线抽紧
⑪（8针）
⑩（16针）
①（16针）
从•处开始挑针（16针）作环
右手拇指位置
左手拇指位置
手掌处（25针）
手背处（25针）
开始钩织，起（50针）锁针作环
拇指处的挑针方法
拇指的钩织起点
将（8针）穿线抽紧
短针的条纹针
6cm（11行）
挑针（16针）作环
6 左手・右手 通用 ※在指定位置钩织左右手的拇指
（9针）
（9针）
= 苔绿色
= 米色
= 钩织短针的条纹针
= 短针的条纹针2针并1针
拇指 ※左右通用
将（8针）穿线抽紧
⑪（8针）
⑩（16针）
①（16针）
从•处开始挑针（16针）作环
右手拇指位置
左手拇指位置
手掌处（25针）
手背处（25针）
开始钩织，起（50针）锁针作环
拇指处的挑针方法
拇指的钩织起点
将（8针）穿线抽紧
短针的条纹针
6cm（11行）
挑针（16针）作环

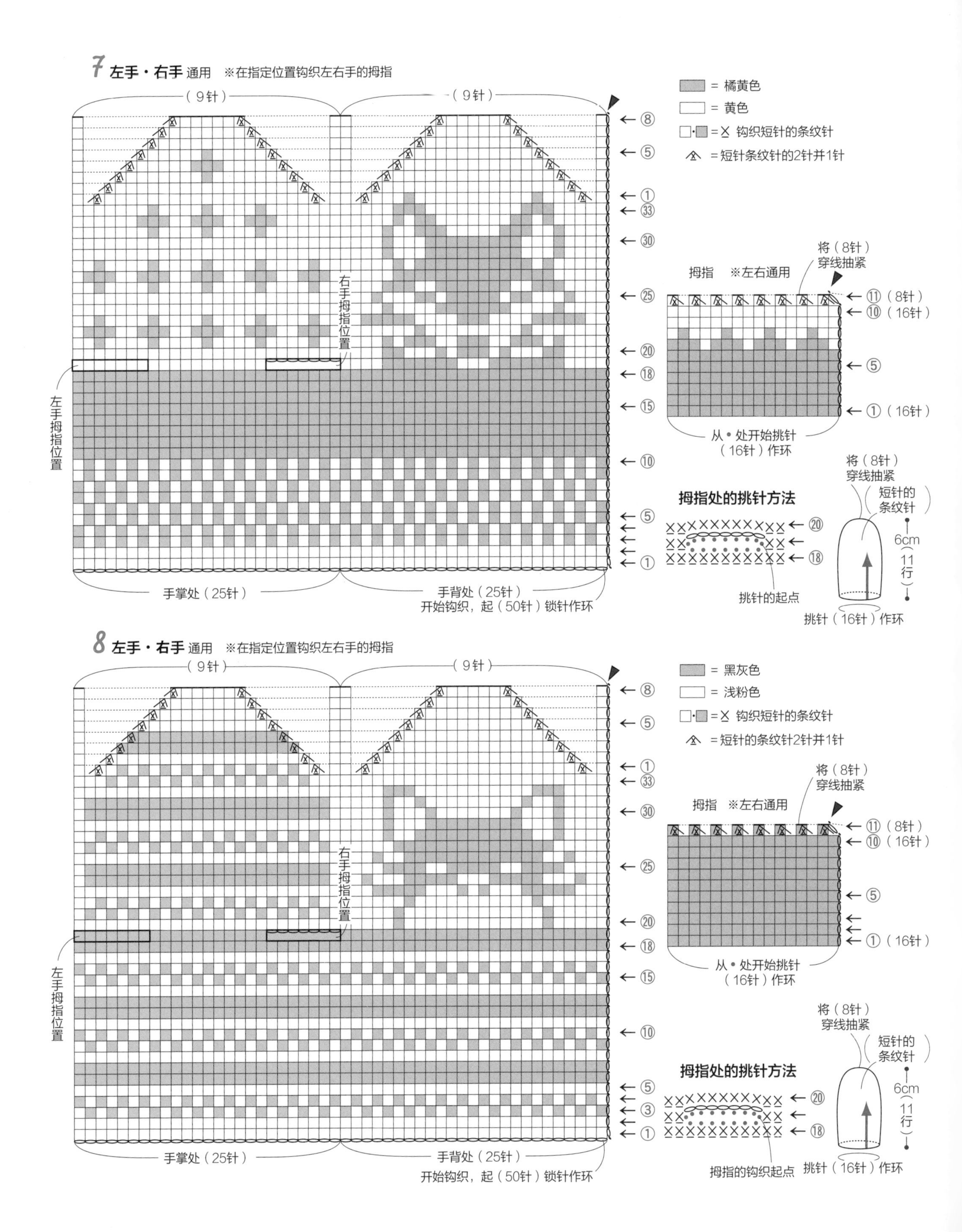

7 左手・右手 通用 ※在指定位置钩织左右手的拇指
（9针）
（9针）
＝橘黄色
＝黄色
＝ 钩织短针的条纹针
＝短针条纹针的2针并1针
⑧
⑤
①
㉝
㉚
㉕
⑳
⑱
⑮
⑩
⑤
①
右手拇指位置
左手拇指位置
手掌处（25针）
手背处（25针）
开始钩织，起（50针）锁针作环
拇指 ※左右通用
将（8针）穿线抽紧
⑪（8针）
⑩（16针）
⑤
①（16针）
从•处开始挑针（16针）作环
拇指处的挑针方法
⑳
⑱
挑针的起点
将（8针）穿线抽紧
短针的条纹针
6cm（11行）
挑针（16针）作环
8 左手・右手 通用 ※在指定位置钩织左右手的拇指
（9针）
（9针）
＝黑灰色
＝浅粉色
＝ 钩织短针的条纹针
＝短针的条纹针2针并1针
⑧
⑤
①
㉝
㉚
㉕
⑳
⑱
⑮
⑩
⑤
③
①
右手拇指位置
左手拇指位置
手掌处（25针）
手背处（25针）
开始钩织，起（50针）锁针作环
拇指 ※左右通用
将（8针）穿线抽紧
⑪（8针）
⑩（16针）
⑤
①（16针）
从•处开始挑针（16针）作环
拇指处的挑针方法
⑳
⑱
拇指的钩织起点
将（8针）穿线抽紧
短针的条纹针
6cm（11行）
挑针（16针）作环

24~27 上接p.46~47参照图

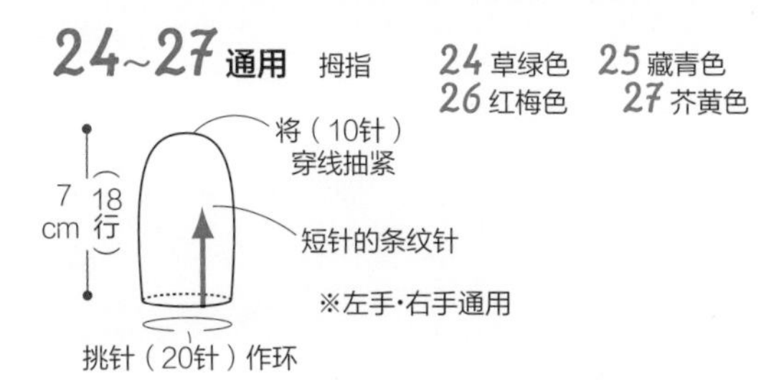

24 A部分的配色方案 （主体的钩织方法参照p.46）

A

← ㊸ ← ㊵ ← ㉟ ← ㉚ ← ㉕ ← ⑳ ← ⑮ ← ⑪

31 30 25 20 15 10 5 1

□·□·□ = ×

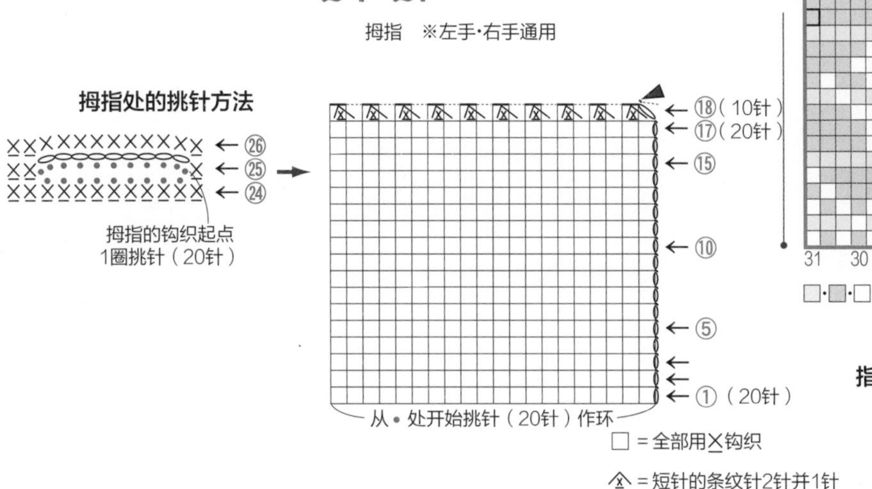

⩚ = 短针的条纹针2针并1针

24~27 通用

指尖处的收尾方法

将最后一行的（8针）
穿线抽紧

24~27 主体

※配色图案参照各自主体的花样图

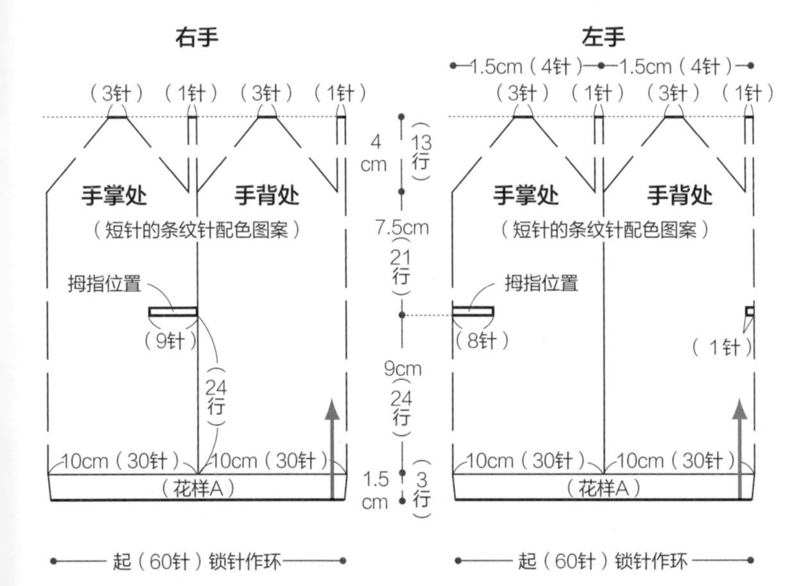

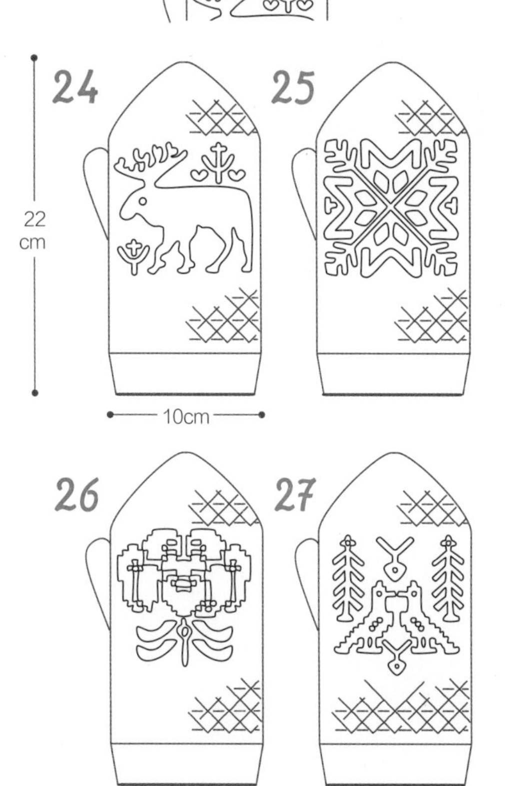

9,10,11　毛茸茸小动物

彩图… p.12～13　重点课程… p.6

＊ 材料和工具

线材　DARUMA

9　Airy Wool Alpaca 黑灰色（8）…48g、Wool Mohair 浅棕色（2）…18g

10　Airy Wool Alpaca白色（1）…43g、浅棕色（2）…1g、Soft Tam 白色（1）…16g、Demi Lame 黑色（30）…少许

11　Airy Wool Alpaca浅棕色（2）…45g、Wool Mohair　灰色（6）…24g、Demi Lame 黑色（30）…少许

针　钩针7/0号（Demi Lame、Airy Wool Alpaca）、8/0号（Wool Mohair）

＊ 钩织密度　短针 19针×20行

＊ 成品尺寸　9・10 掌围20cm、长20cm

11 掌围20cm、长20.5cm

＊ 钩织方法

1　钩织主体

起38针锁针，在第1针上引拔作环。第1行挑起锁针的里山钩短针。从第2行开始，参照花样图在手掌处不加不减钩织短针，在手背处不加不减钩织短针和短针的条纹针至第33行，钩织过程中在拇指位置钩6针锁针，制作拇指的开口（请注意左右开口位置的不同）。9・10的指尖部分按照花样图进行7行减针，11为8行。最后将剩下6针的后半针穿线抽紧。

2　钩织拇指

在拇指位置挑14针，用短针钩织12圈。最后一行将剩余的7针穿线抽紧，完成。

3　钩织装饰部分，完成（参照p.55）

钩织9的犄角和前额的毛发部分，10的耳朵和嘴周部分，11的耳朵部分。在9～11的手背处钩织装饰的毛发，在指定位置缝合装饰物，在10的嘴周部分绣回针绣，11的眼睛部分绣锁绣。

9，11 主体

右手　　左手

（1针）（3针）（2针）（3针）（1针）

手背处（花样）　手掌处（短针）

（15针）　（6针）　1行　（6针）

10cm（19针）　10行　10cm（19针）

9：3.5cm（7行）　11：4cm（8行）

9cm（18行）　7.5cm（15行）

20cm 起（38针）锁针作环

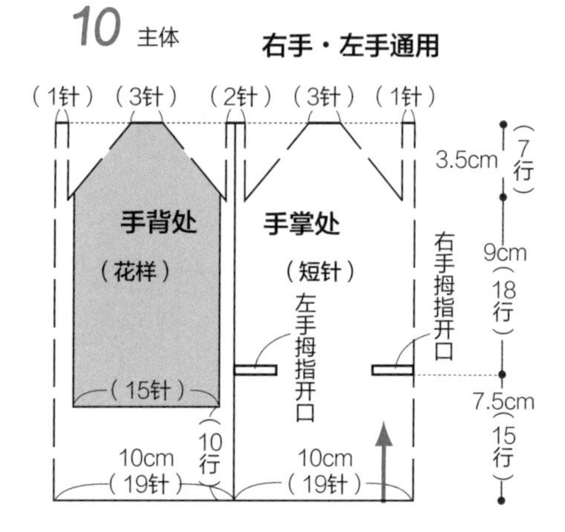

※ 10手背处的花样钩织延续到指尖部分

使用和9・11同样的方法钩织其它部分

拇指处的挑针方法

← ⑰

← ⑯

← ⑮

拇指的钩织起点

※ 用同样的方法在左右手指定位置挑针

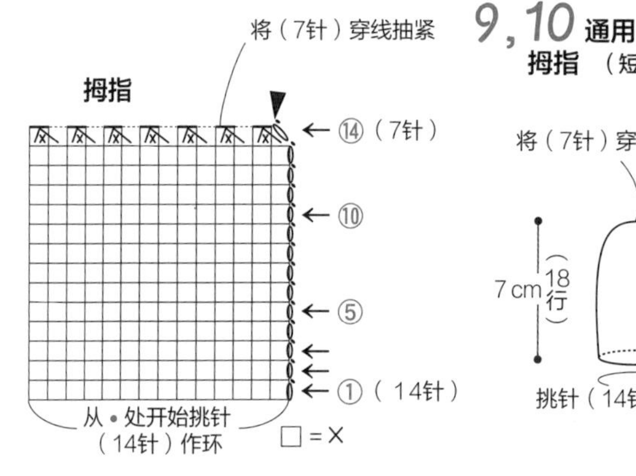

9，10 通用

拇指　（短针）

将（7针）穿线抽紧

9　黑灰色

10　白色

11　浅棕色

7cm（18行）

挑针（14针）作环

9～11的收尾方法参照p.55

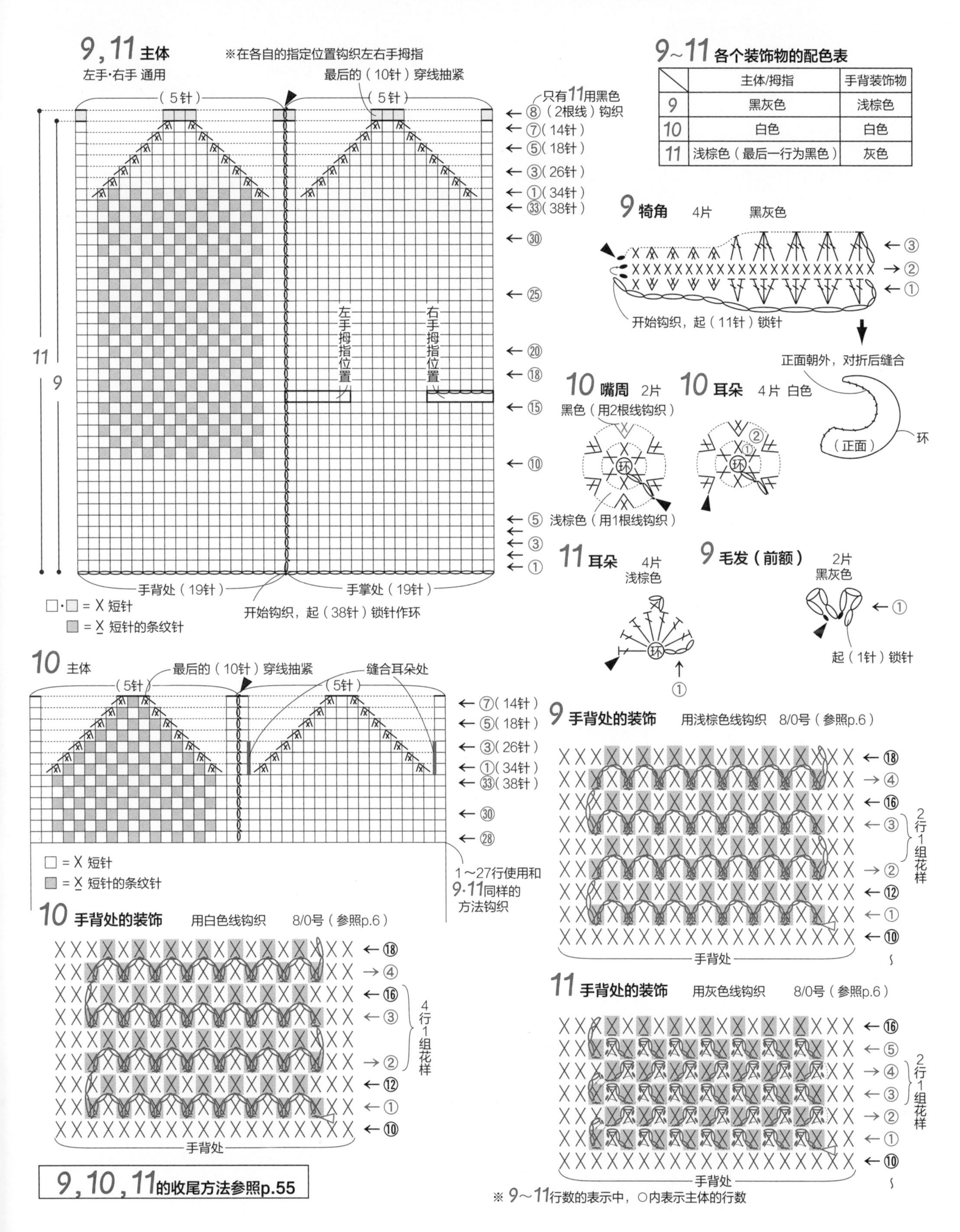

9~11 各个装饰物的配色表

	主体/拇指	手背装饰物
9	黑灰色	浅棕色
10	白色	白色
11	浅棕色（最后一行为黑色）	灰色

12, 13, 14, 15　阿兰花样 A

彩图… p.14～15　重点课程… p.7

＊ 材料和工具

线材 DIAMOND

12 Tasmanian Merino<Tweed>米色（911）…76g

13 Tasmanian Merino 蓝色（746）…76g

14 Tasmanian Merino 浅灰色（727）…62g、蓝绿色（750）…18g

15 Tasmanian Merino 驼色（704）…64g、橘色（750）…16g

针 钩针4/0号

＊ 钩织密度　花样A 23针×15行
长针・花样B 23针×11行

＊ 成品尺寸　掌围20cm、长23.5cm

＊ 钩织方法

1　钩织主体

起46针锁针，引拔作环。第1行挑起锁针的里山钩长针，将花样A钩至第9行。接着在手掌处钩织长针，在手背处不加不减地钩花样B至第15行，钩织过程中在拇指位置钩6针锁针，制作拇指的开口（请注意左右开口位置的不同）。指尖部分按照花样图进行5行减针。最后将剩下的7针卷针缝合（参照p.4全针缝）。

2　钩织拇指

在拇指位置挑14针，用长针钩织6圈。最后一行将剩余的7针穿线抽紧，完成。

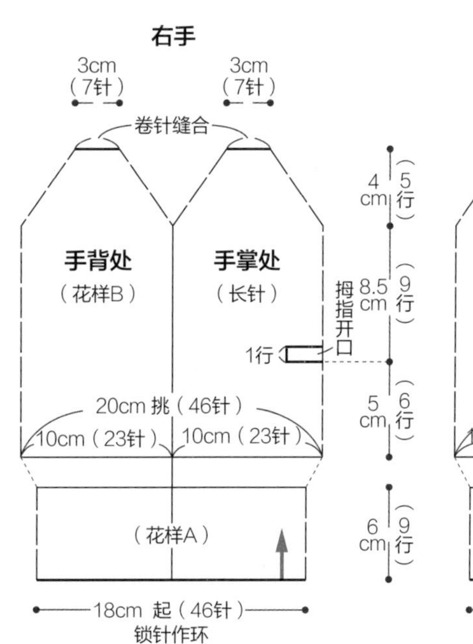

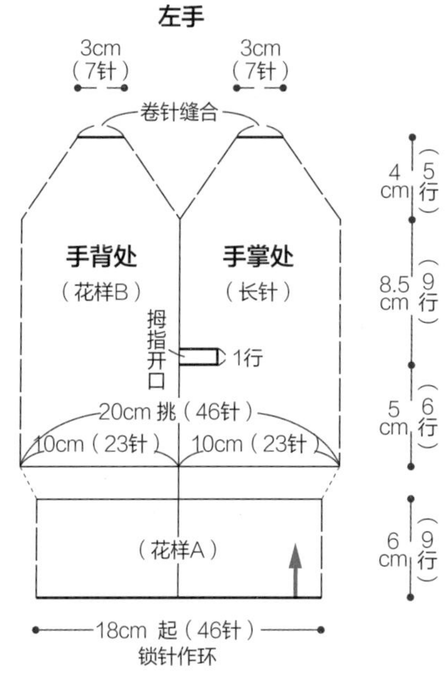

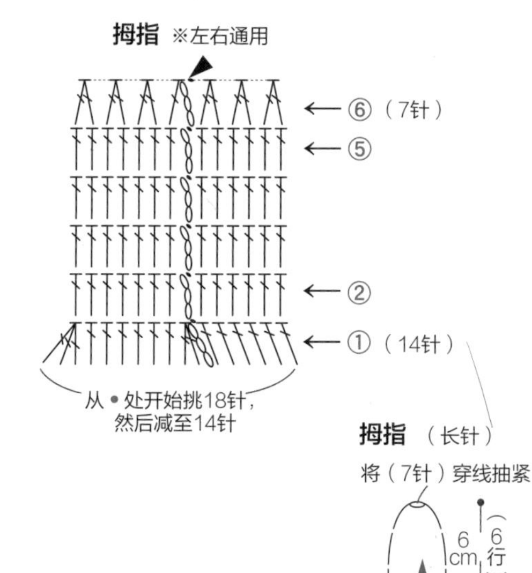

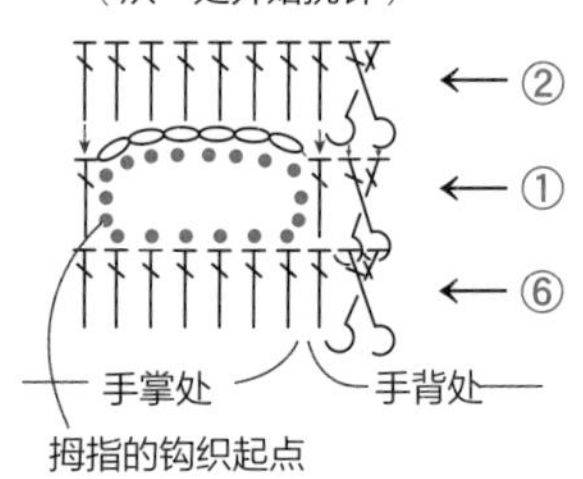

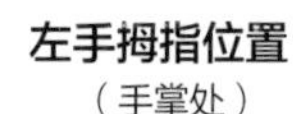

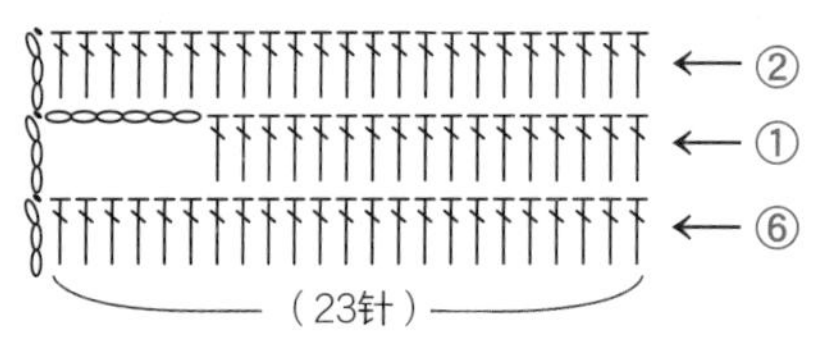

※ 左手拇指位置
除拇指外左右手的钩织方法相同

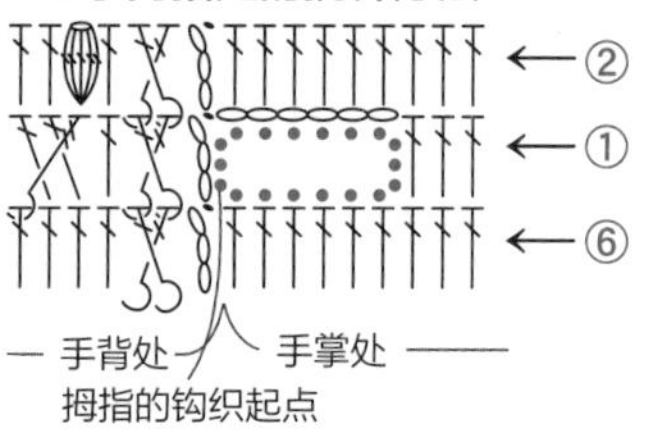

流苏的制作方法

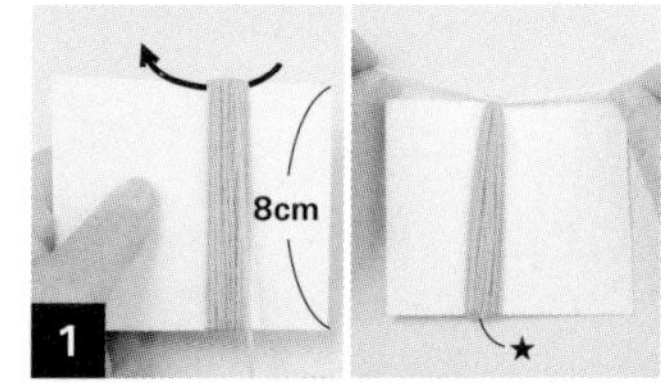

在指定尺寸的厚纸片上绕线15圈，用线紧紧系住其中一侧，并将另一侧（★）剪开。

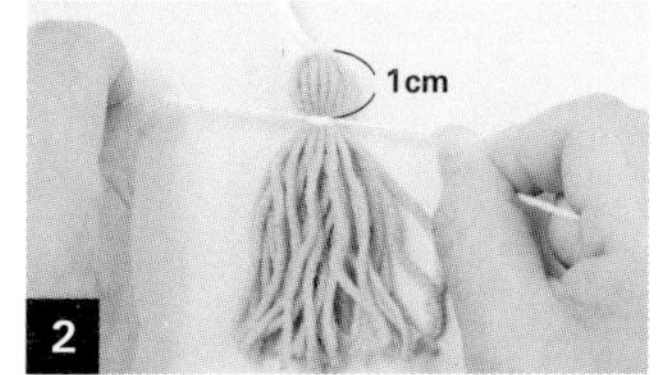

在打结处下方1cm处再紧紧打一个结。

用毛线针将打结的线头藏入流苏主体中。

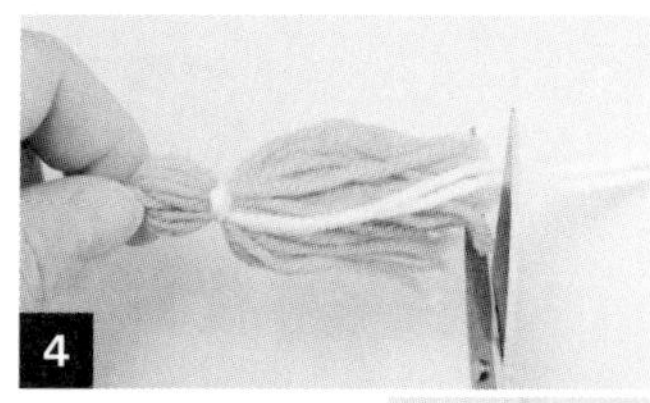

修剪线头使流苏长度一致。

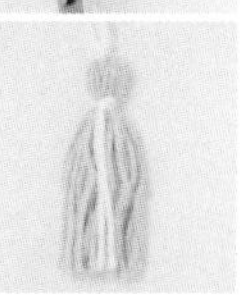

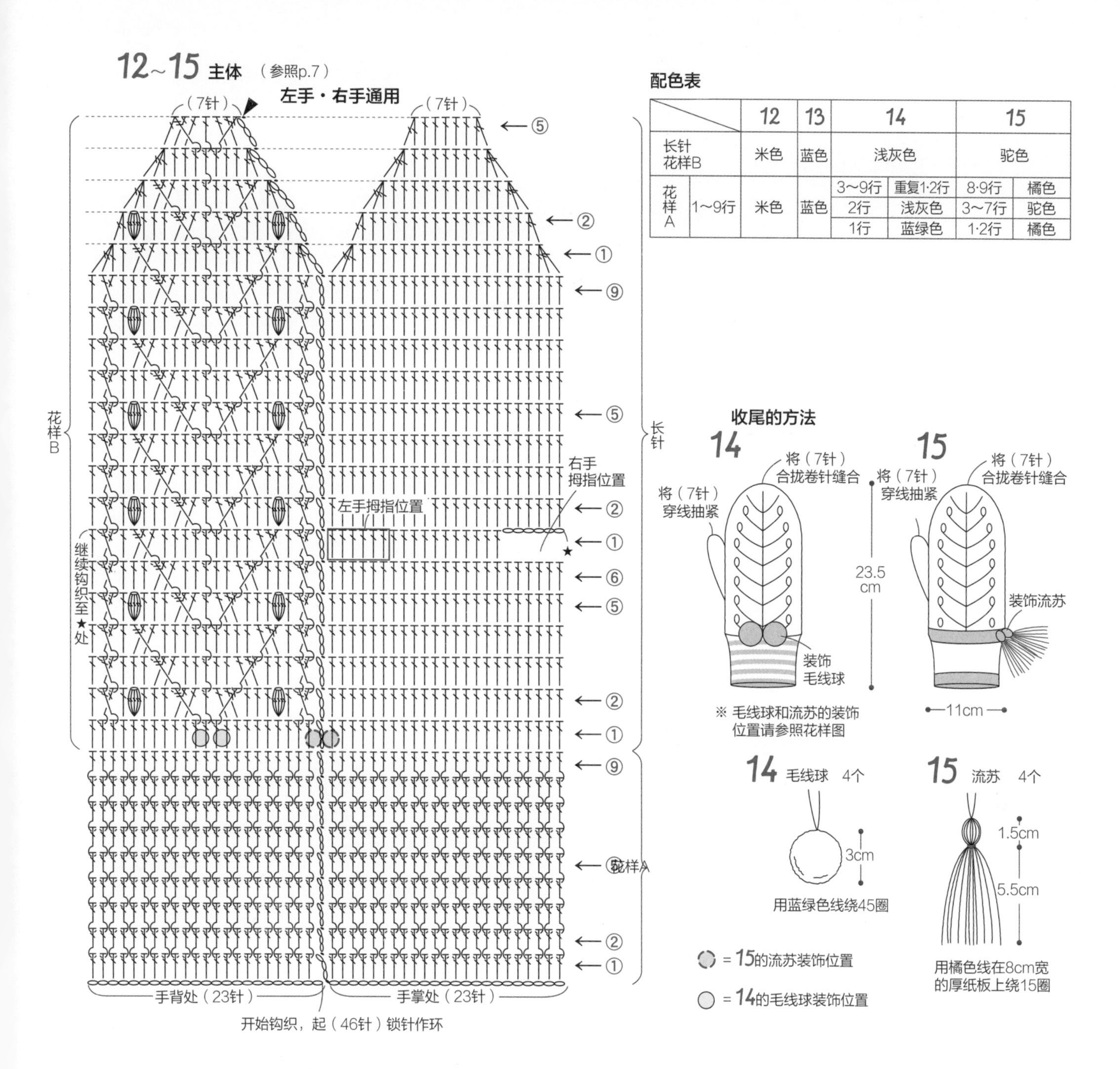

配色表

		12	13	14		15	
长针花样B		米色	蓝色	浅灰色		驼色	
花样A	1~9行	米色	蓝色	3~9行	重复1·2行	8·9行	橘色
				2行	浅灰色	3~7行	驼色
				1行	蓝绿色	1·2行	橘色

毛线球的制作方法

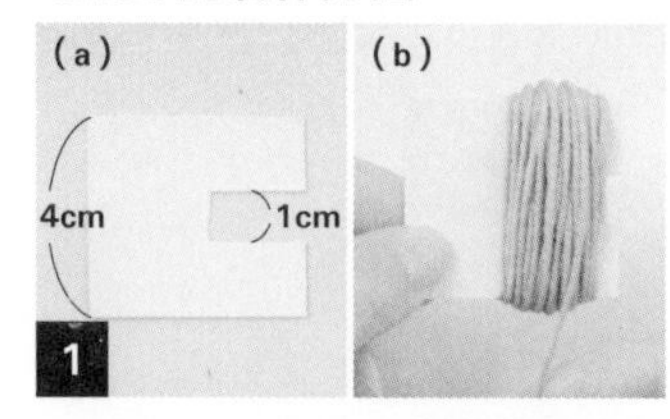

如图所示，在指定大小的厚纸板中间剪一个缺口，做好衬纸，绕线45圈。

在衬纸缺口处用同色线（为了便于理解，图中用不同颜色的线演示）紧紧地绕2~3圈，打结固定。

拿掉衬纸，剪开两端的线。

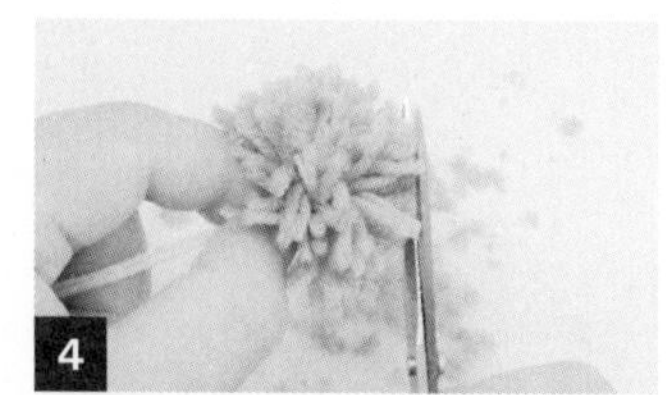

修剪整理好线头，毛线球完成。

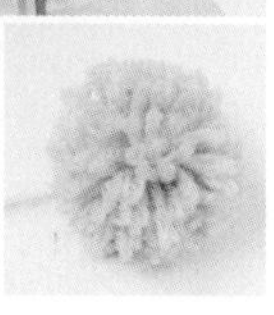

16，17，18，19，20，21 阿兰花样 B

彩图… p.16～17 重点课程… p.31

＊ 材料和工具

线材 DARUMA

16 Shetland Wool 藏青色（5）…72g

17 Shetland Wool 白色（1）…72g

18 Shetland Wool 芥黄色（6）…72g

19 Airy Wool Alpaca 棕色（3）…39g、Fake Far 驼色（3）…33g

20 Airy Wool Alpaca 灰色（7）…39g、Fake Far 浅棕色（2）…33g

21 Airy Wool Alpaca 水蓝色（5）…39g、Mink Touch Far 白色（1）…40g

针 钩针 6/0 号（Shetland Wool、Airy Wool Alpaca）、钩针 10/0 号（Fake Far、Mink Touch Far）

＊ 钩织密度

花样 A 19 针 × 13 行、花样 B 22 针 × 9 行、长针 18 针 × 9 行

＊ 成品尺寸 掌围 20cm，长 25.5cm（16 ～ 18）、27cm（19 ～ 21）

＊ 16 ～ 18 钩织方法

1 钩织主体

起 36 针锁针，在第 1 针上引拔作环。第 1 行挑起锁针的里山钩长针。第 2 行开始将花样 A 钩至第 8 行。接着在手掌处钩织长针，在手背处不加不减地钩花样 B 至第 14 行，钩织过程中在拇指位置钩 5 针锁针，制作拇指的开口（请注意左右开口位置的不同）。指尖部分按照花样图进行 4 行减针，最后将剩下的 6 针对折后卷针缝合（参照 p.4 全针缝）。

2 钩织拇指

在拇指位置挑 16 针，并在第 1 行减至 12 针，第 2 行开始按花样图钩 5 圈长针。最后一行将剩余的 6 针穿线抽紧，完成。

＊ 19 ～ 21 钩织方法

1 钩织主体

起 36 针锁针，在第 1 针上引拔作环。用和 16 ～ 18 同样的方法在手掌处钩织长针，在手背处钩花样 B，直至指尖处。将线换成仿皮草线，在起针的锁针处挑 13 针，钩 4 行短针完成手腕部分。

2 钩织拇指

方法同 16 ～ 18，完成。

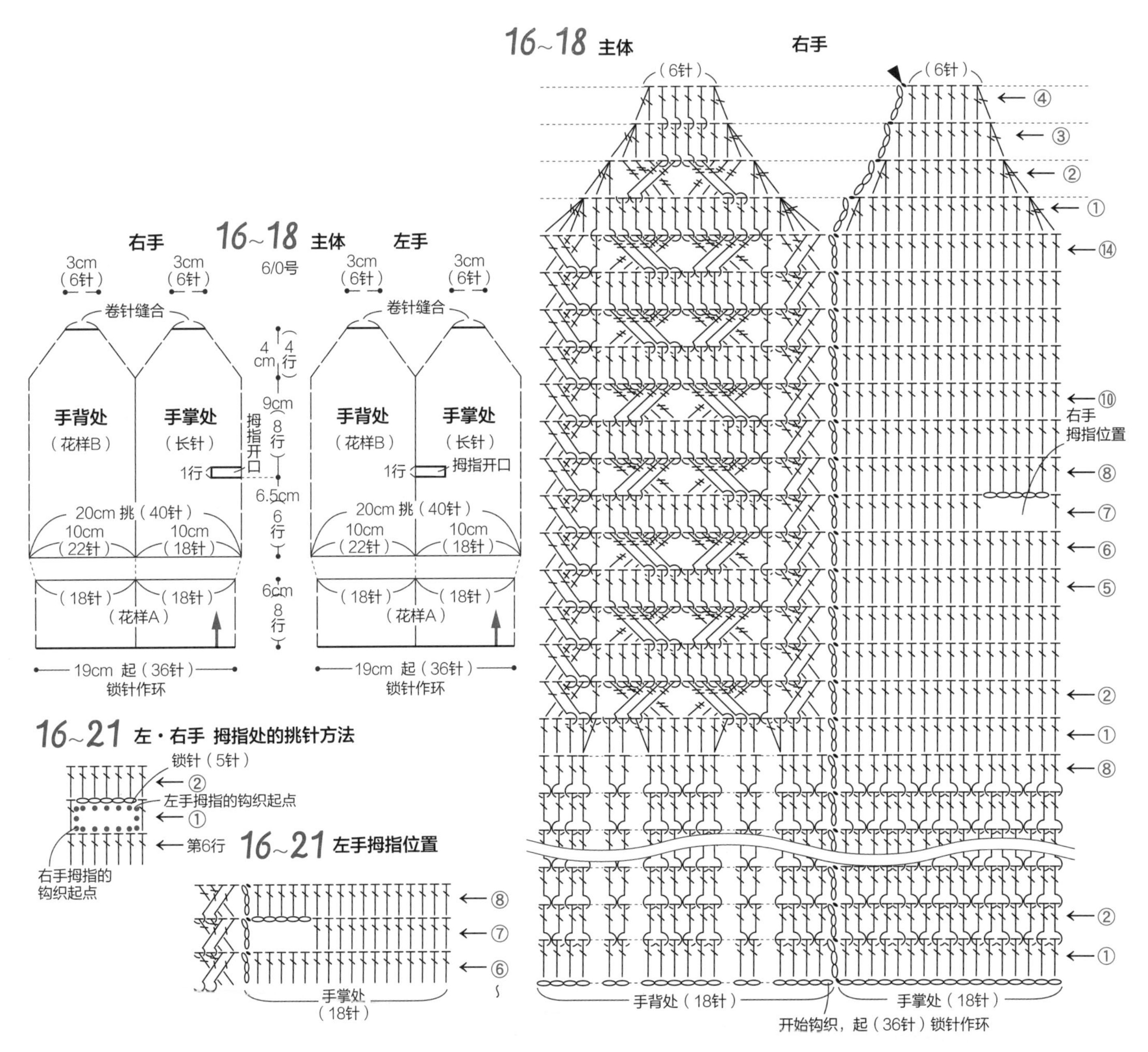

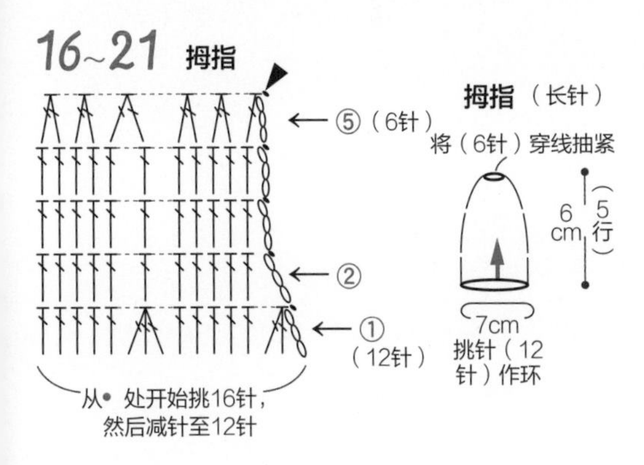

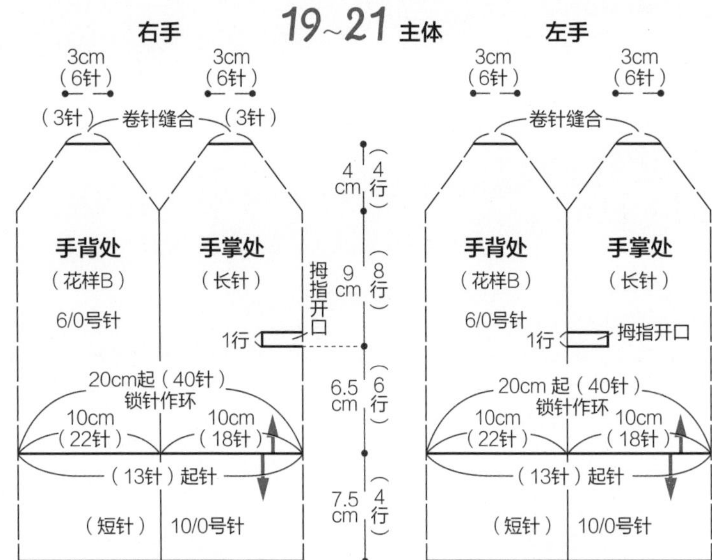

19~21 配色表

	手掌·手背	手腕
19	棕色	驼色
20	灰色	浅棕色
21	水蓝色	白色

收尾的方法

16~18 右手

19~21 右手

将（6针）卷针缝合

将（6针）穿线抽紧

25.5cm

27cm

9cm

约14cm

10cm

10cm

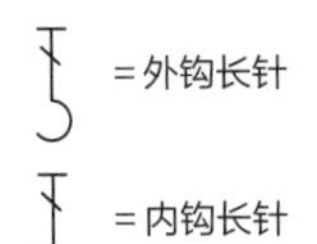

= 外钩长针

= 内钩长针

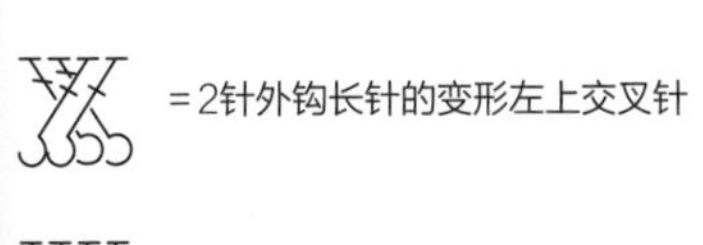

= 2针外钩长针的变形左上交叉针

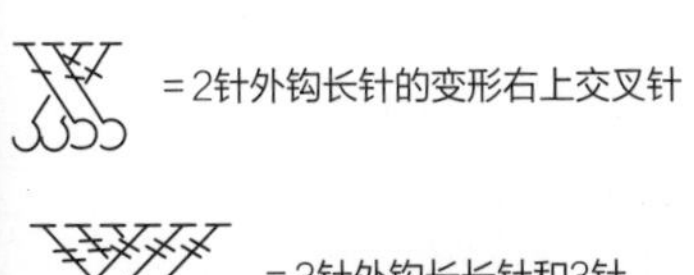

= 2针外钩长针的变形右上交叉针

= 3针外钩长长针和3针长长针的变形左上交叉针

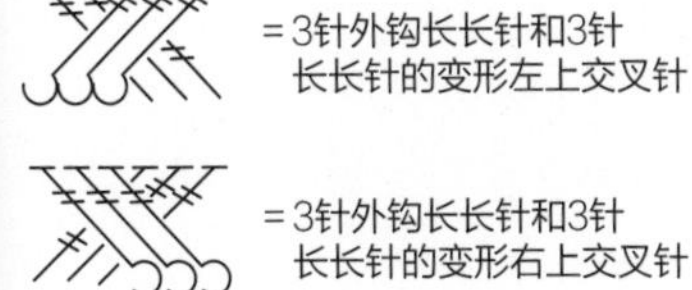

= 3针外钩长长针和3针长长针的变形右上交叉针

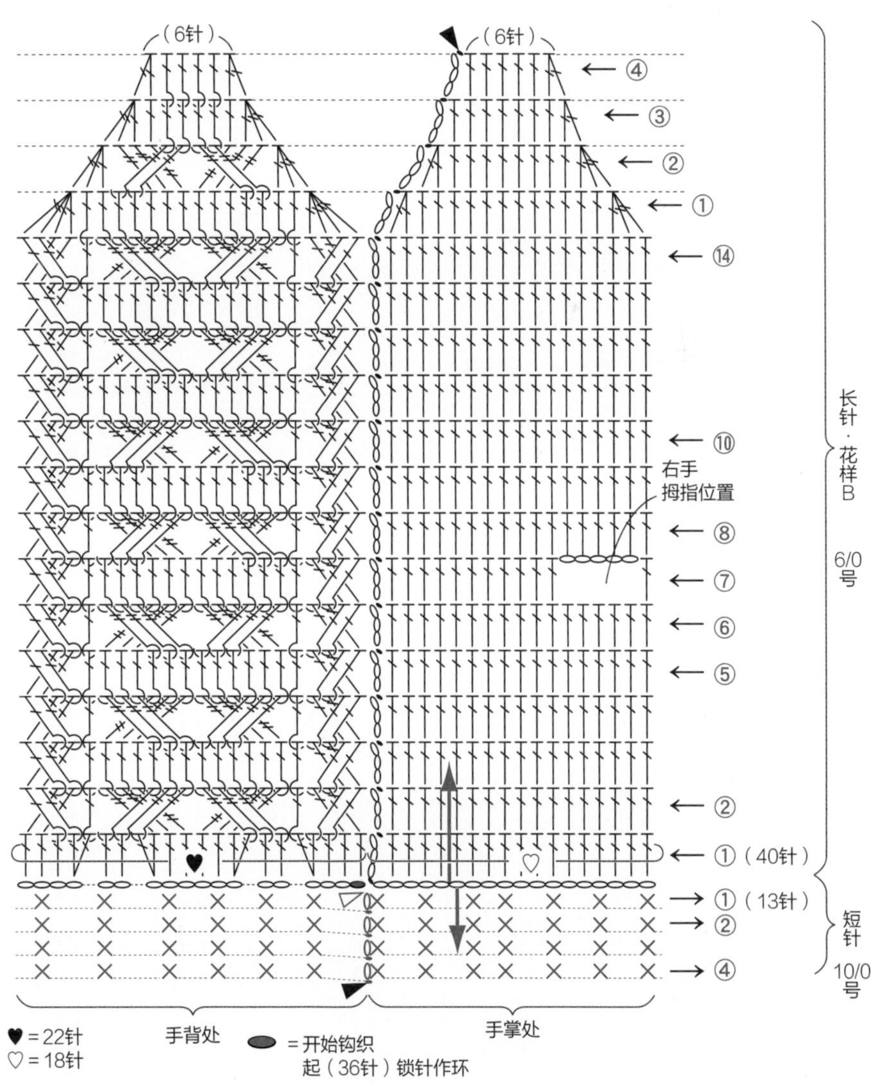

22,23　花朵图案

彩图… P18～19

＊ 材料和工具

线材　DIAMOND
Tasmanian Merino

22 深紫色（755）…30g、苔绿色（747）…12g、白色（701）· 水蓝色（757）…各10g

23 米白色（702）…70g

针　钩针5/0号

其他　23　直径1.2cm的纽扣…2枚

＊ 钩织密度　花样24针×13行

＊ 成品尺寸　掌围20cm、长21cm

＊ 22的钩织方法

1　钩织主体

起48针锁针，在第1针上引拔作环。第1行挑起锁针的半针和里山钩长针。接着将花样不加不减钩至第21行，钩织过程中在拇指位置挂线，钩7针锁针，制作拇指的开口（请注意左右开口位置的不同）。指尖部分按照花样图进行6行减针，最后将剩下的12针对折后用卷针缝合（参照p.4全针缝）。

2　钩织拇指

在拇指位置挑16针，钩6圈长针。最后一行将剩余的8针穿线抽紧，完成。

＊ 23的钩织方法

1　钩织主体

起48针锁针，在第1针上引拔作环。到第17行为止用和22相同的方法钩织，第18行在手背处钩长针的条纹针，手掌处钩长针。完成第19行的长针后断线。在手掌处的指定位置挂线，钩24针锁针并在指定位置引拔，接着参照花样图钩织短针和3针锁针的花边，制作手指开口。在手背处的指定位置挂线，挑起手背处第17行的前半针和手掌处手指开口部分剩下的半针锁针，钩织4行花样。指尖部分按照花样图进行6行减针，最后将剩下的12针对折后用卷针缝合（参照p.4）。在指尖处钩织扣眼。

2　钩织拇指

用和22相同的方法挑16针作环，钩6圈长针。最后一行将剩余的8针穿线抽紧，完成。在手背处的指定位置缝上纽扣。

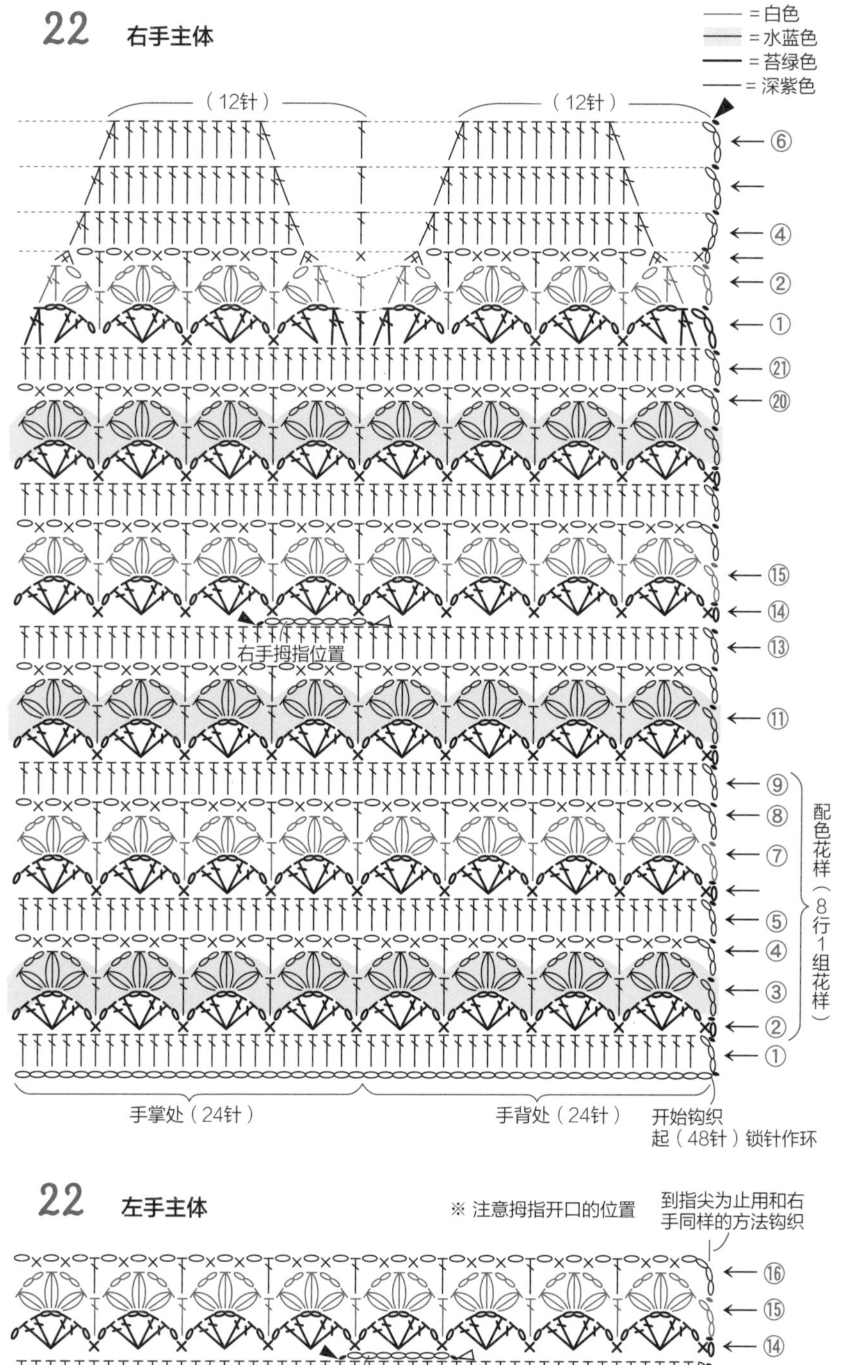

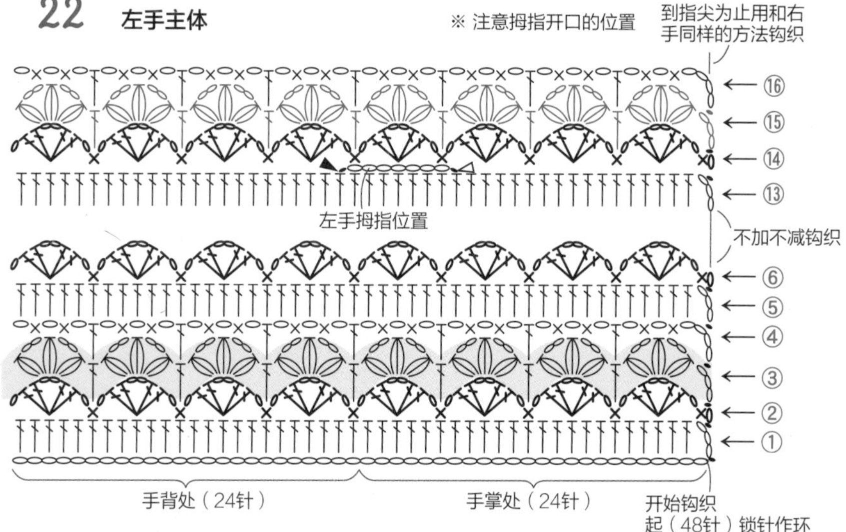

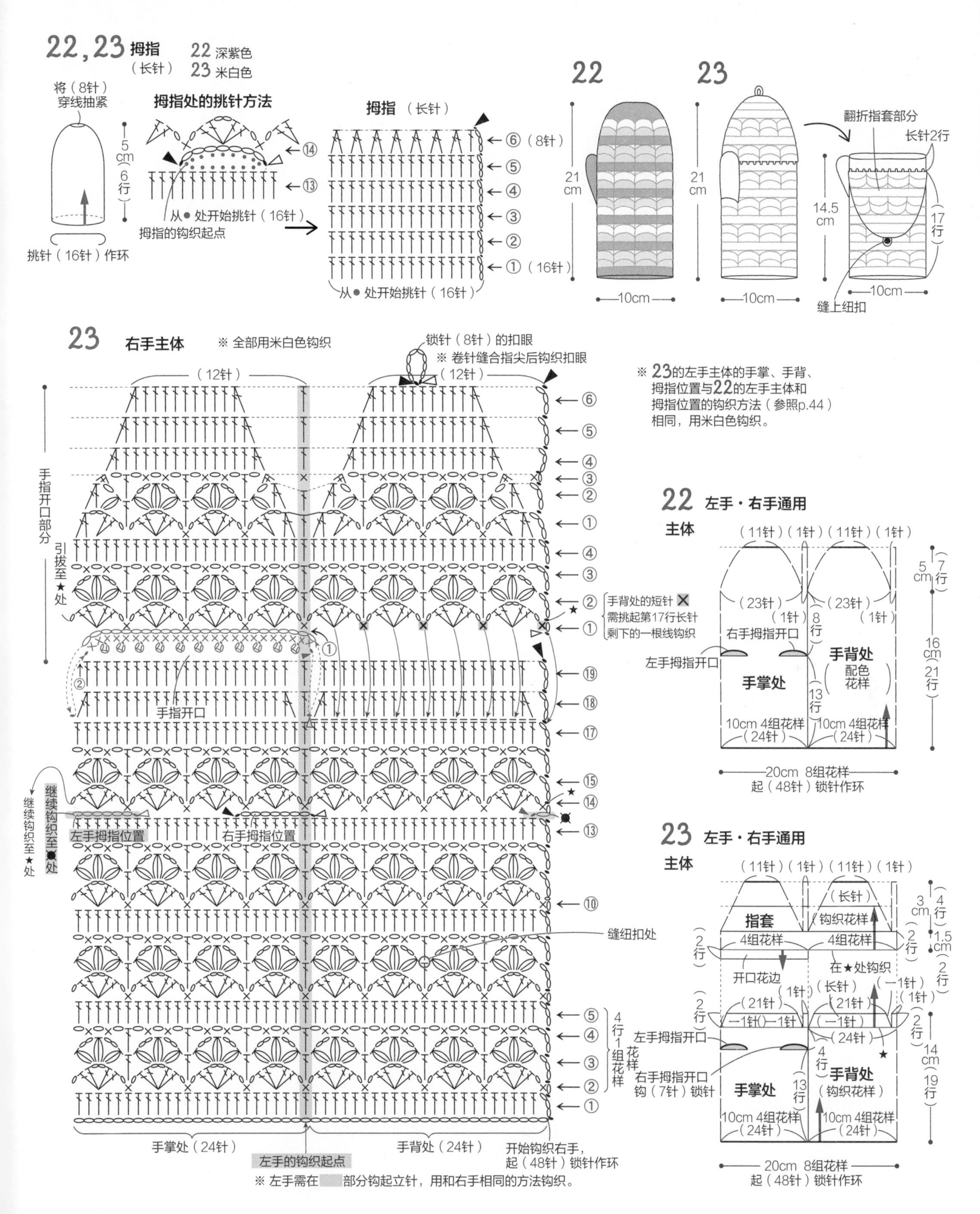

22,23 拇指（长针）
22 深紫色
23 米白色
将（8针）穿线抽紧
5cm 6行
挑针（16针）作环
拇指处的挑针方法
从●处开始挑针（16针）
拇指的钩织起点
拇指（长针）
⑥（8针）
①（16针）
从●处开始挑针（16针）
22
23
21cm
10cm
翻折指套部分
长针2行
14.5cm
17行
缝上纽扣
23 右手主体
※ 全部用米白色钩织
锁针（8针）的扣眼
※ 卷针缝合指尖后钩织扣眼
（12针）
手指开口部分
引拔至★处
手背处的短针 需挑起第17行长针剩下的一根线钩织
手指开口
继续钩织至●处
继续钩织至★处
左手拇指位置
右手拇指位置
缝纽扣处
4行1组花样
手掌处（24针）
手背处（24针）
左手的钩织起点
开始钩织右手，起（48针）锁针作环
※ 左手需在 部分钩起立针，用和右手相同的方法钩织。
※ 23的左手主体的手掌、手背、拇指位置与22的左手主体和拇指位置的钩织方法（参照p.44）相同，用米白色钩织。
22 左手・右手通用
主体
（11针）（1针）（11针）（1针）
5cm 7行
（23针）
（1针）
8行
右手拇指开口
左手拇指开口
手背处
配色花样
手掌处
16cm 21行
13行
10cm 4组花样（24针）
20cm 8组花样
起（48针）锁针作环
23 左手・右手通用
主体
（11针）（1针）（11针）（1针）
（长针）
指套
钩织花样
3cm 4行
4组花样
1.5cm 2行
开口花边
在★处钩织
（21针）
（长针）
（一1针）
（1针）
一1针 一1针
（24针）
左手拇指开口
4行
右手拇指开口钩（7针）锁针
手掌处
手背处（钩织花样）
13行
14cm 19行
10cm 4组花样（24针）
20cm 8组花样
起（48针）锁针作环

24,25,26,27　单点图案

彩图… p.20～21

＊ 材料和工具

线材　PUPPY　Puppy New 4PLY

24 草绿色（451）…40g、米白色（403）…24g、灰色（446）…10g

25 藏青色（421）…54g、白色（402）…20g

26 红梅色（439）…50g、米白色（403）…18g、草绿色（451）…6g

27 白色（402）…24g、芥黄色（471）…38g、橙色（470）…12g

针　钩针3/0号（1～3行内外钩长针部分）・5/0号（短针的条纹针部分）

＊ 钩织密度　花样A　32针×20行
短针的条纹针32针×28行

＊ 成品尺寸　掌围20cm、长22cm

＊ 钩织方法

1　钩织主体

起60针锁针，在第1针上引拔作环。第1行挑起锁针的里山钩长针。第2、3行交替钩织外钩长针和内钩长针。接着钩1行短针，第2行开始用短针的条纹针不加不减地钩配色图案至第45行，钩织过程中在拇指位置钩9针锁针，制作拇指的开口（请注意左右开口位置的不同）。指尖部分按照花样图进行13行减针，最后将剩下的8针穿线抽紧。

2　钩织拇指

在拇指位置挑20针，钩18圈短针的条纹针（参照p.37）。最后一行将剩余的10针穿线抽紧，完成。

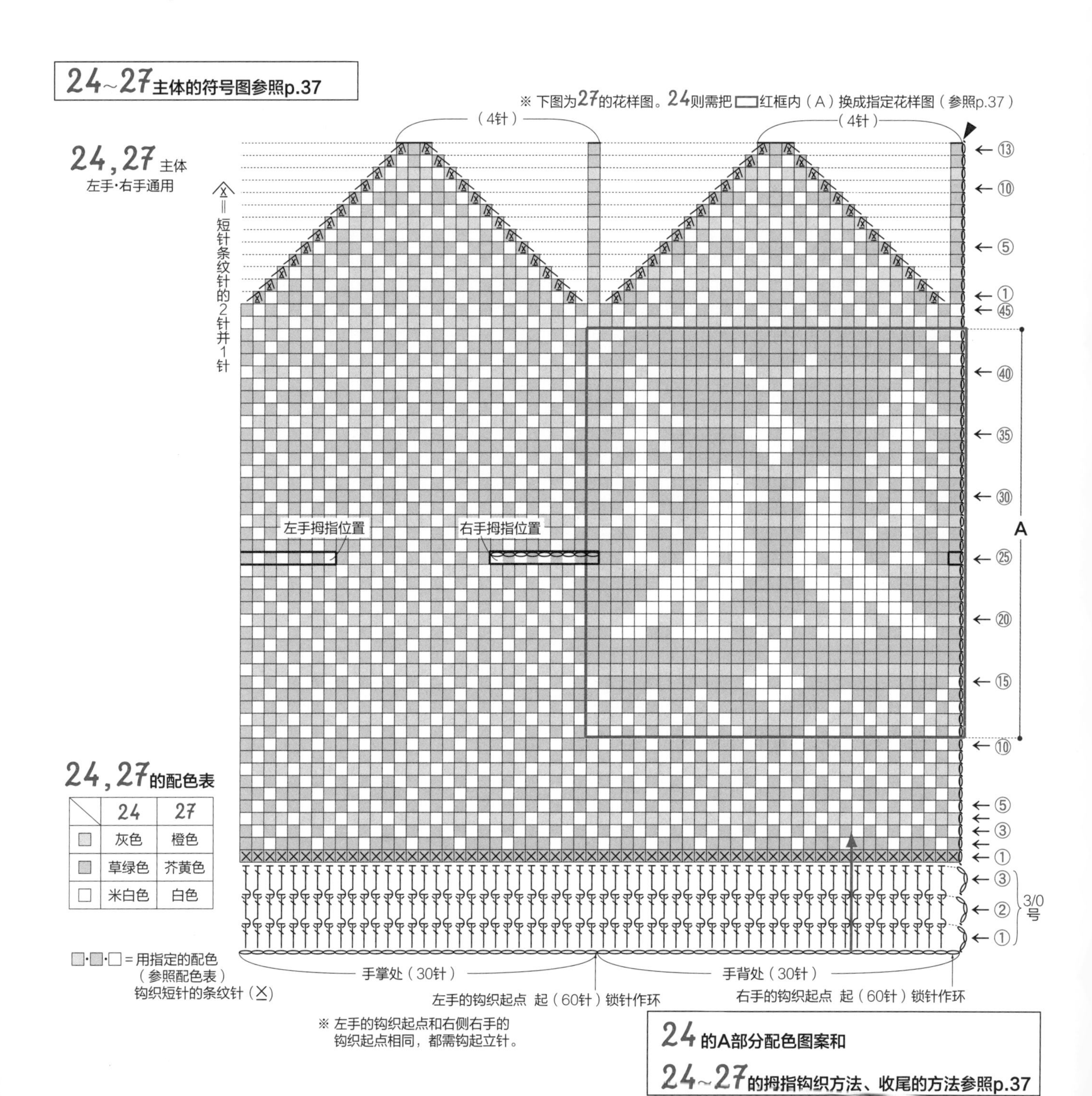

24,27的配色表

	24	27
□	灰色	橙色
■	草绿色	芥黄色
□	米白色	白色

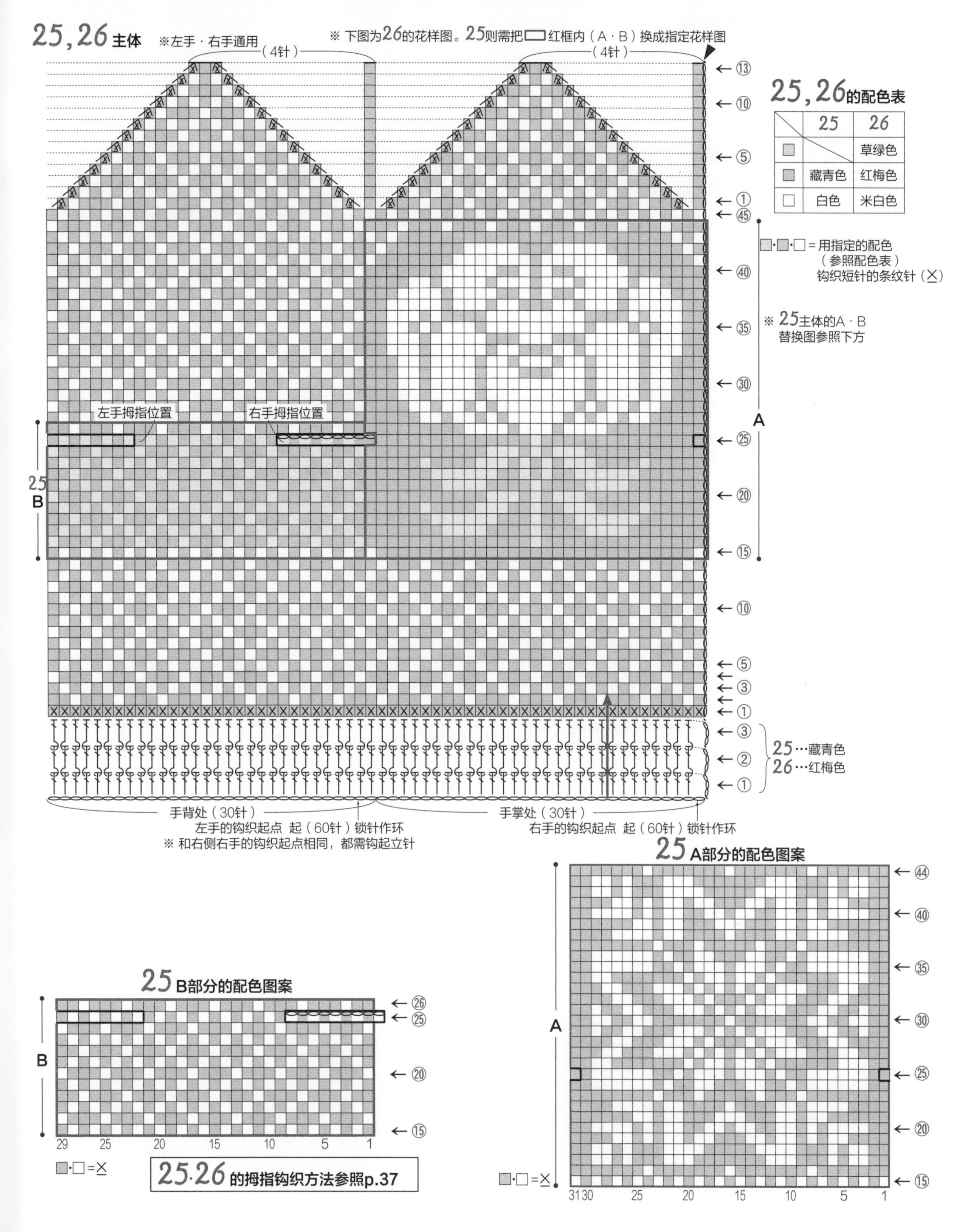

	25	26
■		草绿色
■	藏青色	红梅色
□	白色	米白色

28,29,30,31　费尔岛配色花样

彩图… p.22～23

＊ 材料和工具

线材 PUPPY

Puppy New 4PLY

28 藏青色(421)…24g、水蓝色(405)…20g、浅棕色(452)…14g、白色(402)…12g

29 米白色(403)…24g、灰白色(445)…20g、浅紫色(407)·浅紫红色(468)…各14g

30 红色(459)…24g、灰粉色(412)…20g、灰白色(445)…14g、米白色(403)…10g

31 灰色(446)…26g、黄绿色(472)…20g、白色(402)…14g、蓝绿色(456)…12g

针 钩针5/0号

＊ 钩织密度　短针的条纹针30针×26行

＊ 成品尺寸　掌围20cm、长23.5cm

＊ 钩织方法

1 钩织主体

起60针锁针，在第1针上引拔作环。第1行挑起锁针的半针钩短针。第2行开始按配色图案钩织短针的条纹针至第48行，钩织过程中在拇指位置钩9针锁针，制作拇指的开口（请注意左右开口位置的不同）。指尖部分按照花样图进行13行减针，最后将剩下的8针穿线抽紧。

2 钩织拇指

在拇指位置挑20针，钩18圈短针的条纹针。最后一行将剩余的10针穿线抽紧，完成。

28～31 收尾的方法

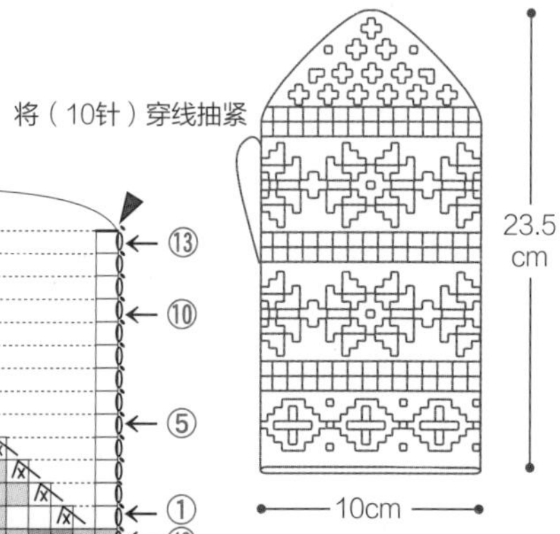

28,29 主体　※左手·右手通用

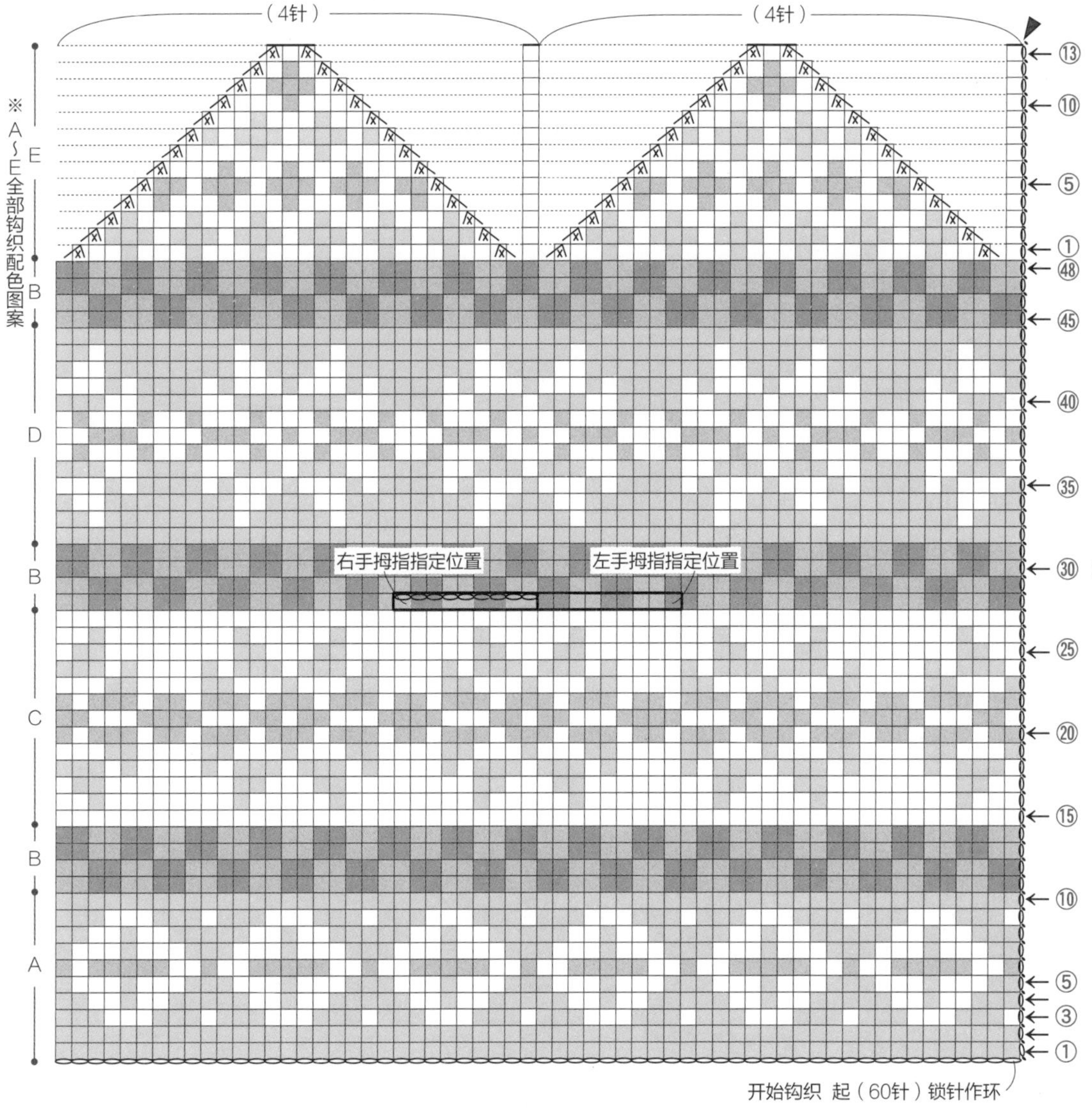

28,29的配色表

	28	29
■	水蓝色	灰白色
■	浅棕色	浅紫红色
□	藏青色	米白色
■	白色	浅紫色

■·■·□·■ = 除了指定的减针外，全部钩短针的条纹针（X）

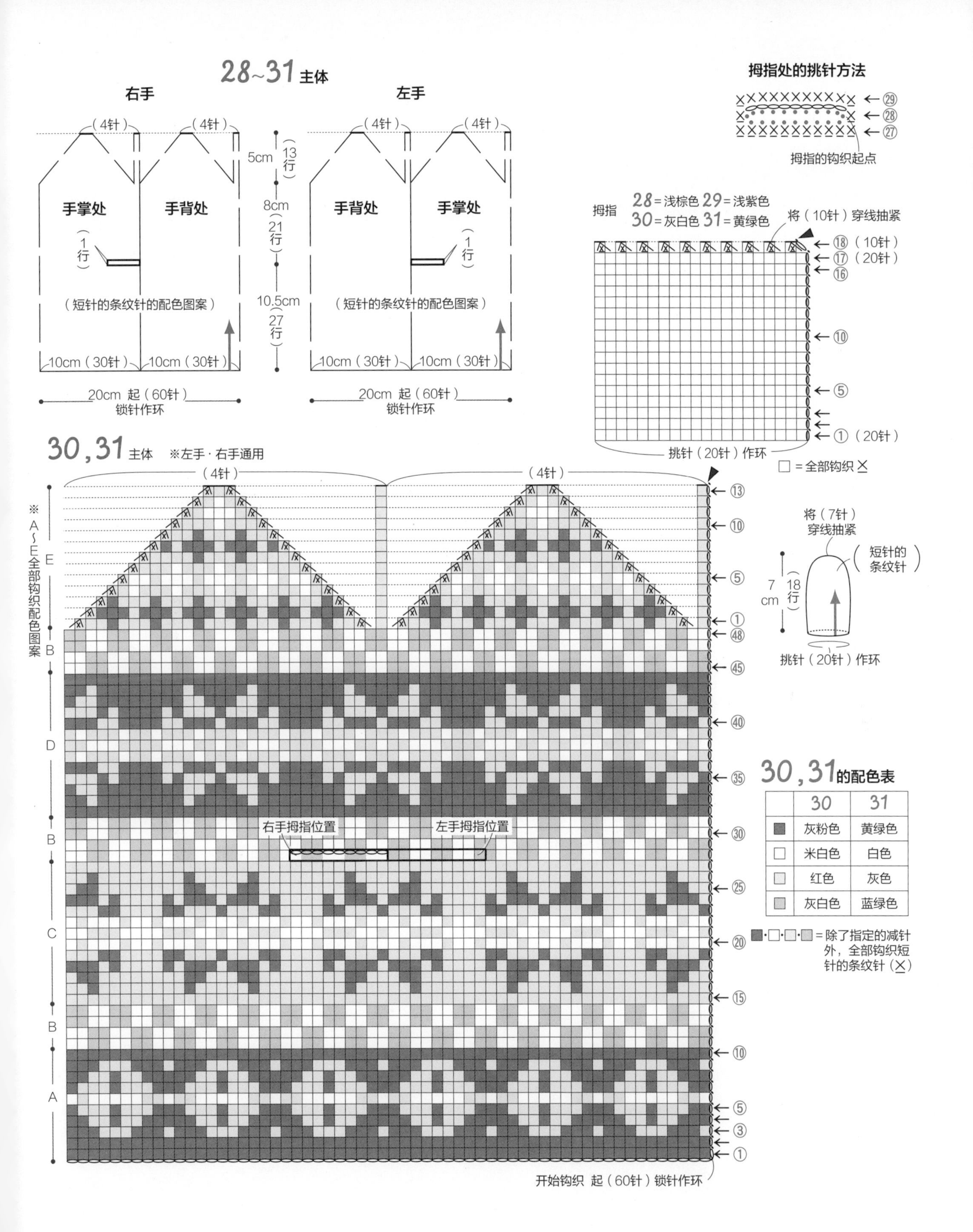

	30	31
■	灰粉色	黄绿色
□	米白色	白色
□	红色	灰色
□	灰白色	蓝绿色

32,33,34,35,36,37,38,39　格子・波点・锯齿

彩图… p.24～25

＊ 材料和工具

线材 PUPPY
Princess Anny

32 藏青色（516）…42g、米白色（547）…28g
33 灰色（518）…42g、水蓝色（557）…28g
34 粉色（527）…42g、白色（502）・浅粉色（526）…各14g
35 黄色（551）…42g、白色（502）・橙黄色（541）…各14g
36 蓝色（558）…50g、米白色（547）・水蓝色（557）…各10g
37 深红色（505）…46g、米色（521）…24g
38 白色（502）・黄绿色（536）…各30g、浅水蓝色（534）…14g
39 绿色（560）…44g、驼色（508）…26g

针 钩针6/0号
＊ 钩织密度　短针的条纹针24针×18行
＊ 成品尺寸　掌围20cm、长22cm

＊ 钩织方法

1　钩织主体

起48针锁针，在第1针上引拔作环。第1行挑起锁针的半针钩短针。第2行开始钩织短针的条纹针。按配色方案不加不减钩织至第40行，钩织过程中在拇指位置钩7针锁针，制作拇指的开口（请注意左右开口位置的不同）。指尖部分按照花样图进行9行减针，最后将剩下的6针卷针缝合（参照p.4全针缝）。

2　钩织拇指

在拇指位置挑16针，钩12圈短针的条纹针。最后一行将剩余的8针穿线抽紧，完成。

32～39 通用

右手　左手

2.5cm　2.5cm
（5针）（1针）（5针）（1针）
3.5cm（9行）
（-9针）（-9针）（-9针）（-9针）
手掌处　手背处
8cm（17行）
（1行）
（7针）（1行）
拇指开口（7针）
10.5cm（23行）
（短针的条纹针 配色图案）
10cm（24针）　10cm（24针）
20cm 起（48针）锁针作环

32～39 通用

拇指（短针的条纹针）

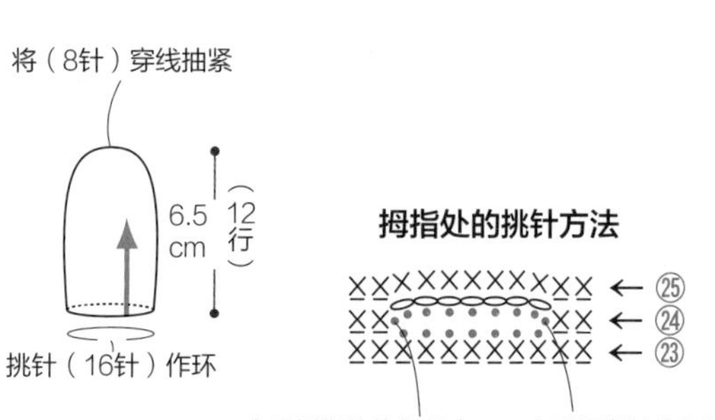

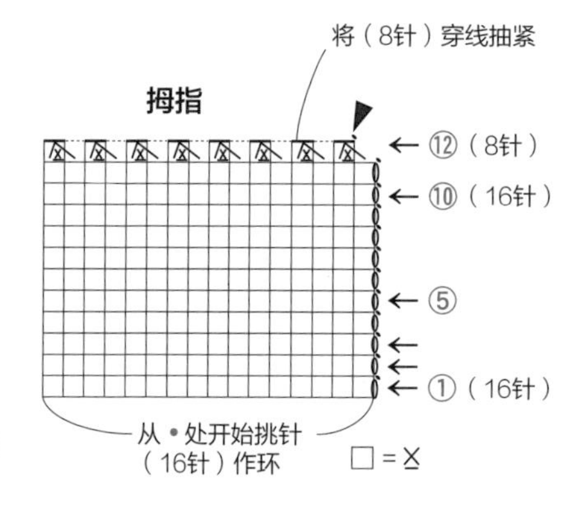

拇指的配色表

	颜色
32	藏青色
33	灰色
34	粉色
35	黄色
36	蓝色
37	深红色
38	黄绿色
39	绿色

32,33 左手·右手 通用

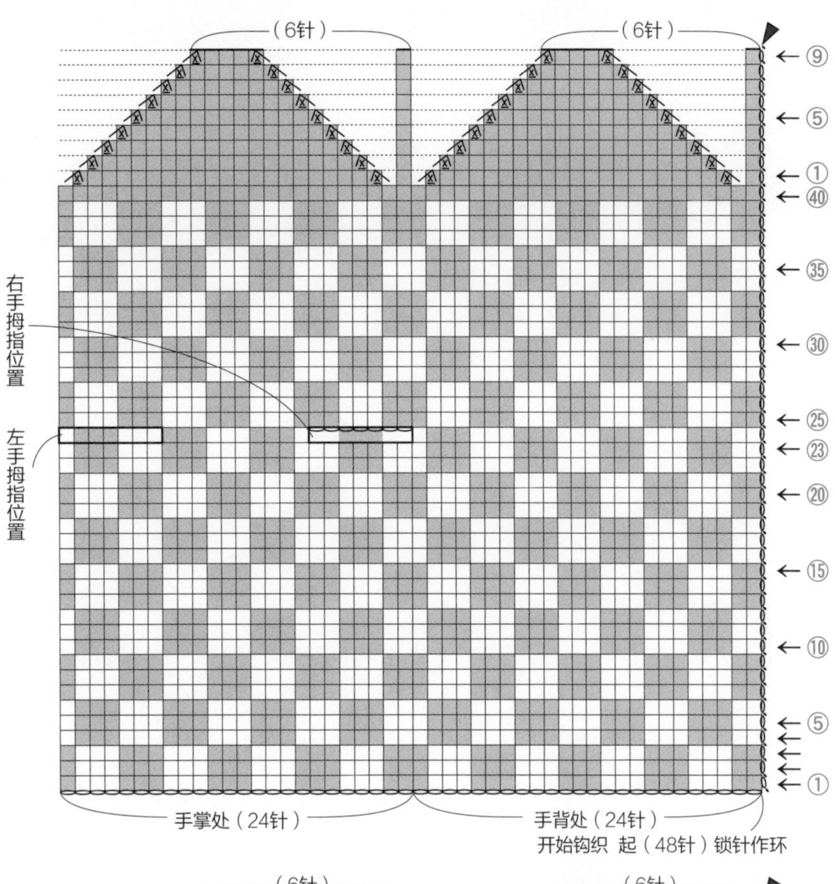

32,33 配色表

	32	33
■	藏青色	灰色
□	米白色	水蓝色

■·□ = X 钩织短针的条纹针

⋀ = 短针的条纹针2针并1针

※配色花样的钩织方法参照p.5

※在各指定位置钩织出左右手拇指（参照p.50）

34 左手·右手 通用

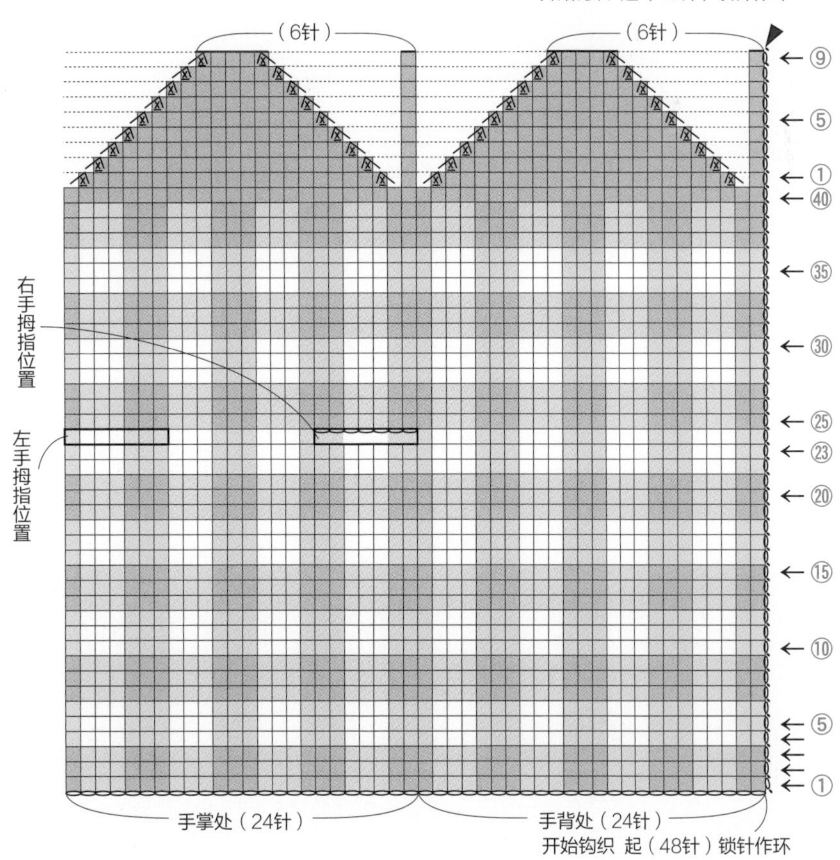

34 配色表

	34
■	粉色
□	白色
▒	浅粉色

▒·■·□ = X 钩织短针的条纹针

⋀ = 短针的条纹针2针并1针

※配色花样的钩织方法参照p.5

※在各指定位置钩织出左右手拇指（参照p.50）

35 左手·右手 通用

35 配色表

	35
▩	黄色
□	白色
▩	橙黄色

□·▩·□ = ╳ 钩织短针的条纹针

⩚ = 短针的条纹针2针并1针

※ 配色花样的钩织方法参照p.5

※在各指定位置钩织出左右手拇指（参照p.50）

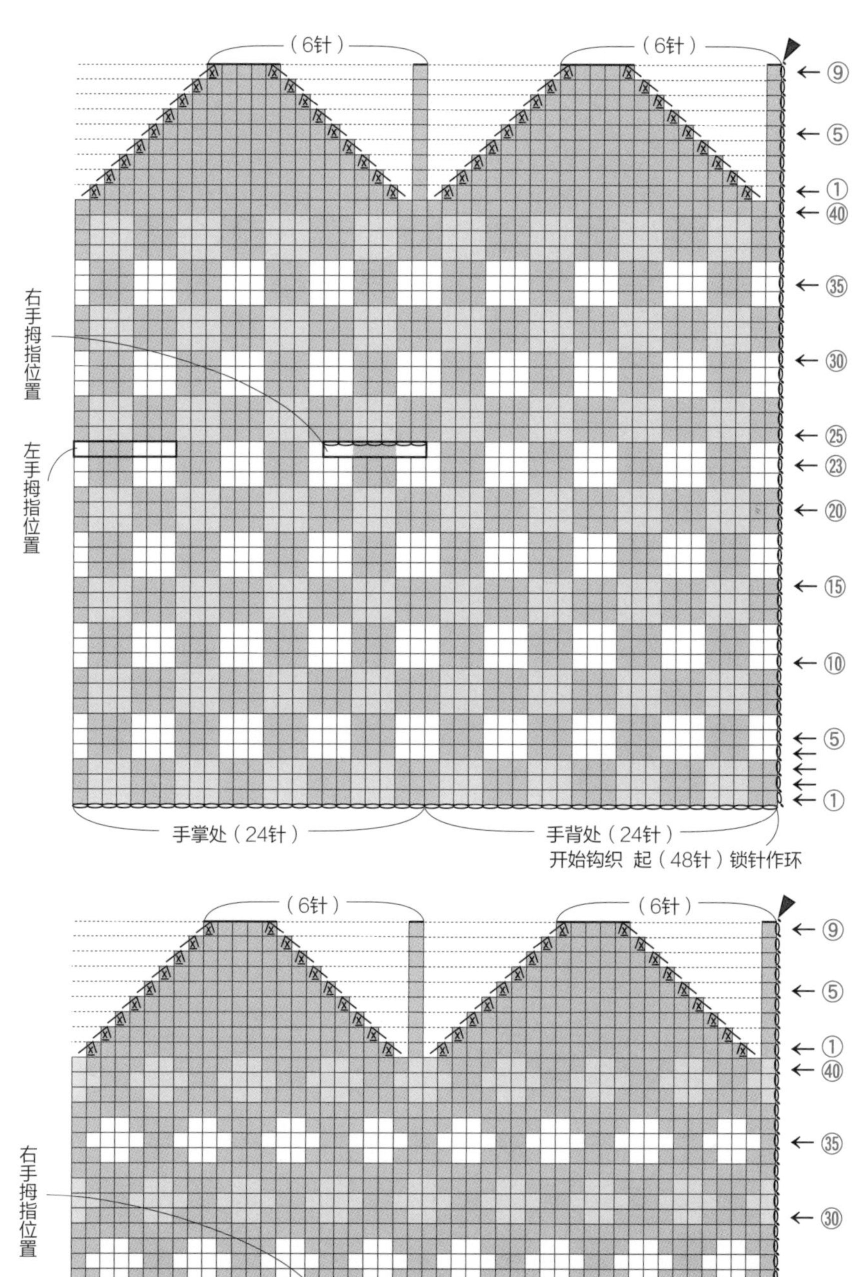

36,37 左手·右手 通用

36,37 配色表

	36	37
▩	蓝色	深红色
□	米白色	米色
▩	水蓝色	

□·▩·□ = ╳ 钩织短针的条纹针

⩚ = 短针的条纹针2针并1针

※ 配色花样的钩织方法参照p.5

※在各指定位置钩织出左右手拇指（参照p.50）

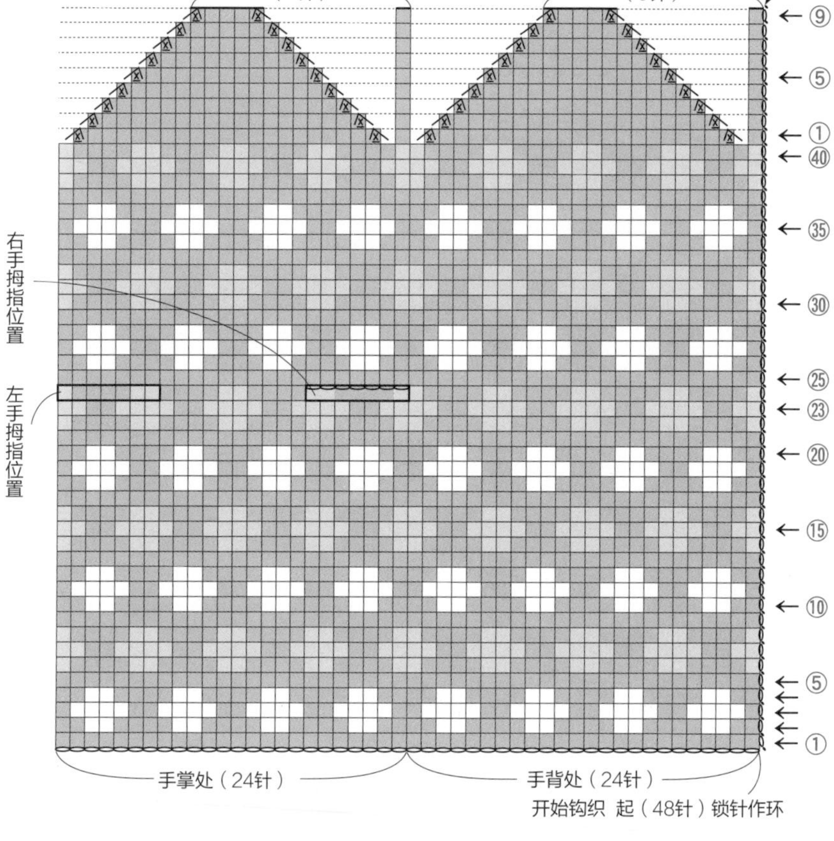

38,39 左手・右手 通用

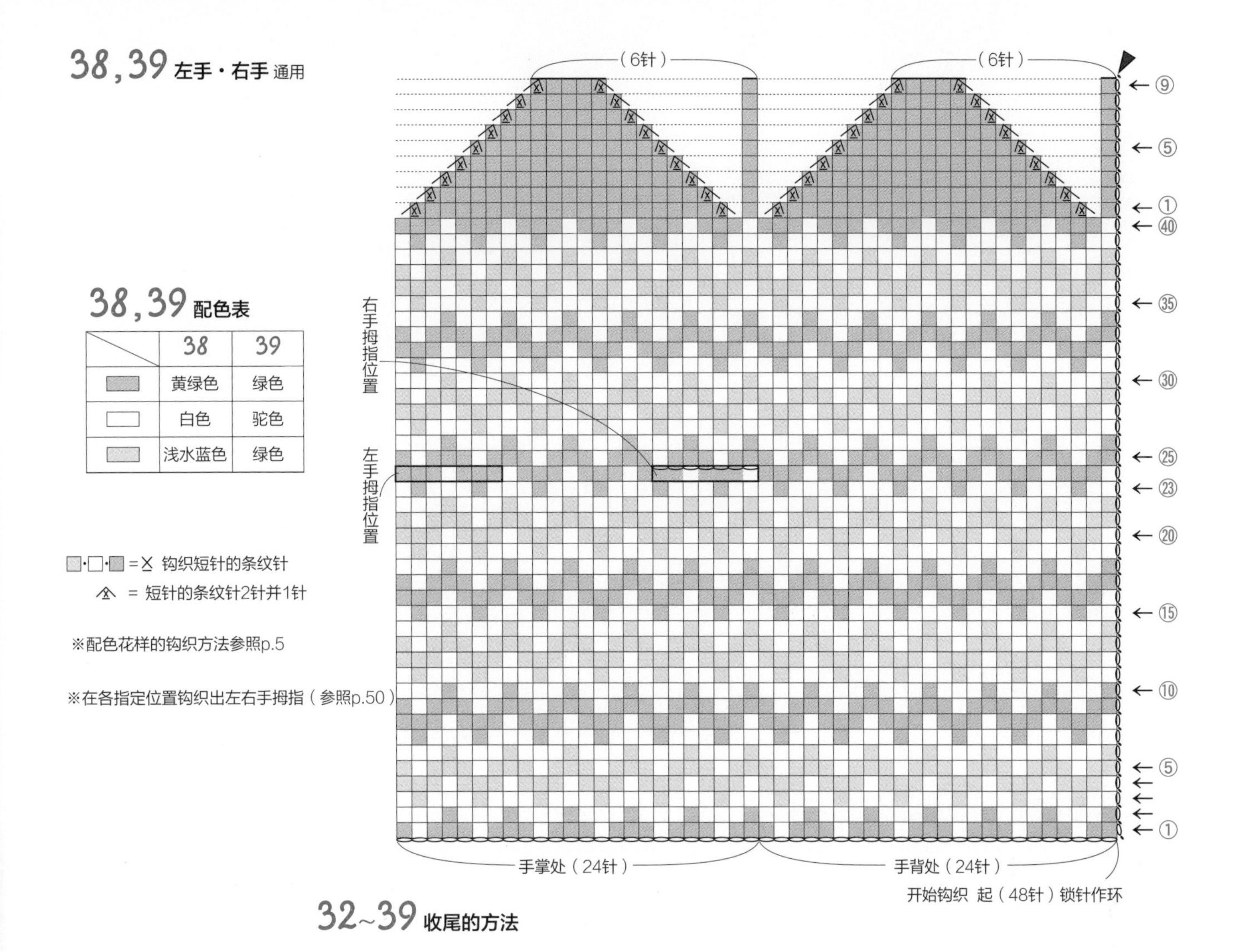

38,39 配色表

	38	39
■（深色）	黄绿色	绿色
□（白）	白色	驼色
■（浅色）	浅水蓝色	绿色

□·□·■ = X 钩织短针的条纹针

⋀ = 短针的条纹针2针并1针

※配色花样的钩织方法参照p.5

※在各指定位置钩织出左右手拇指（参照p.50）

32~39 收尾的方法

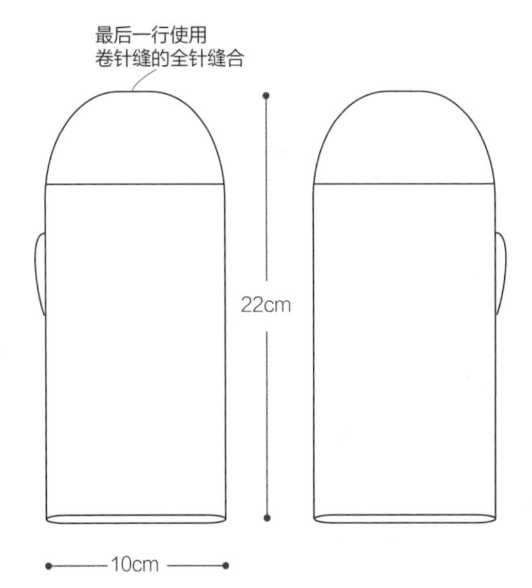

40,41,42　马海毛的波点・条纹

彩图… p.26～27　重点课程… p.30

＊ 材料和工具

线材　DIAMOND
Diamohairdeux <Alpaca>

40 灰色(702)…20g、蓝色(708)・棕色(727)…各4g

41 浅黄色(723)…20g、粉色(706)・黄色(726)…各4g

42 白色(701)…20g、浅紫色(725)・水蓝色(703)…各4g

针　钩针6/0号

＊ 钩织密度　长针20针×8行

＊ 成品尺寸　掌围20cm、长21.5cm

＊ 钩织方法

1　钩织主体

起40针锁针，在第1针上引拔作环。第1行挑起锁针的半针和里山钩长针。接着将长针和花样不加不减钩至第16行，钩织过程中在拇指位置钩6针锁针，制作拇指的开口（请注意左右开口位置的不同）。指尖部分按照花样图进行5行减针，最后将剩下的8针卷针缝合（参照p.4全针缝）。

2　钩织拇指

在拇指位置挑14针，钩5圈长针。最后一行将剩余的7针穿线抽紧，完成。

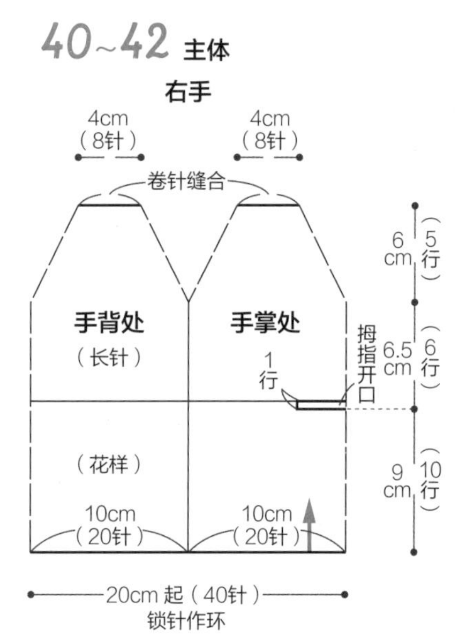

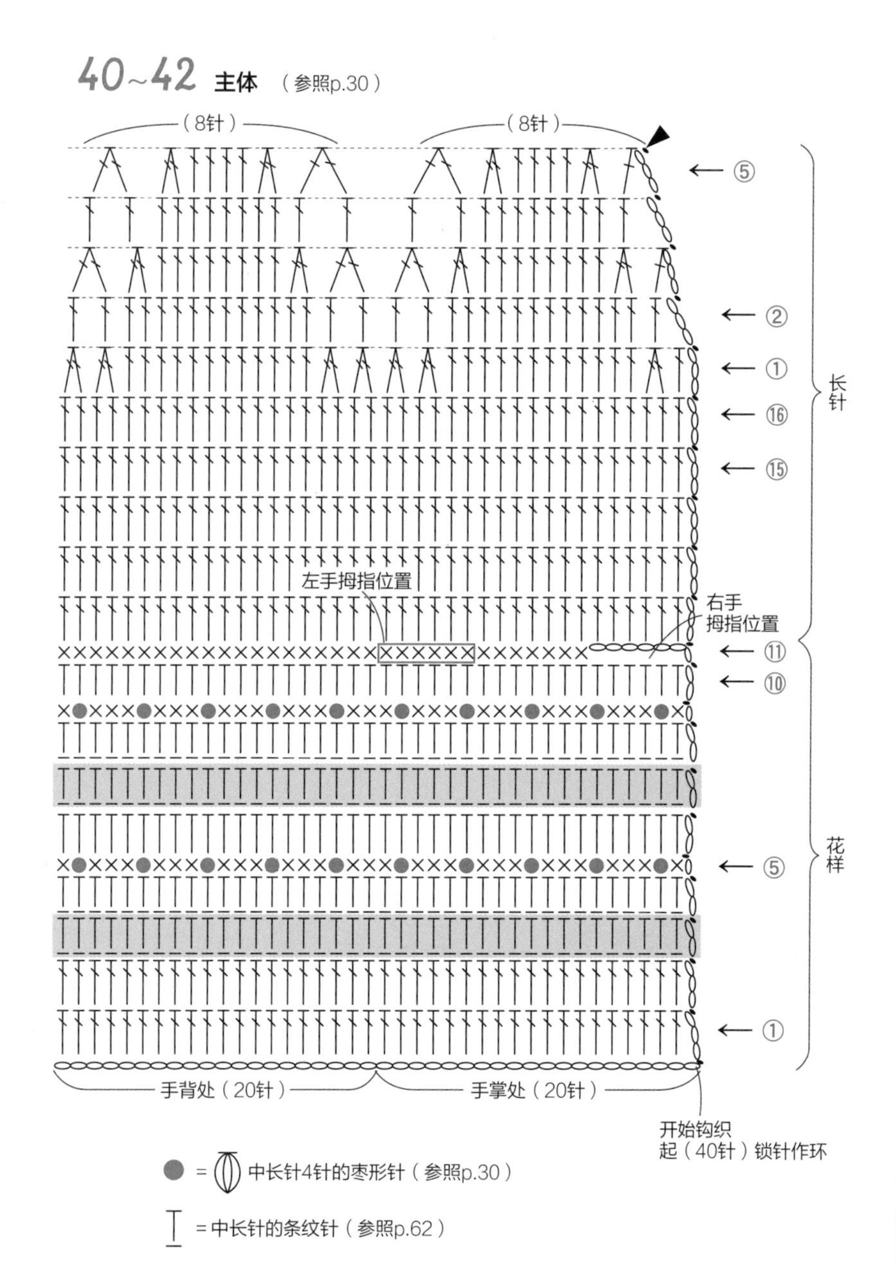

40~42 配色表

	——	●	▬
40	灰色	蓝色	棕色
41	浅黄色	粉色	黄色
42	白色	水蓝色	浅紫色

40~42 主体

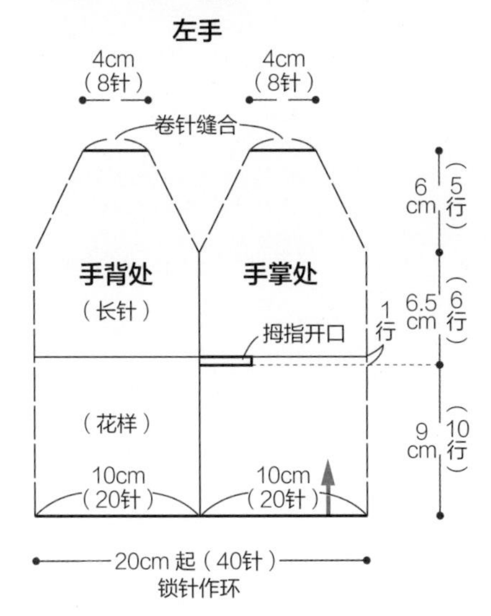

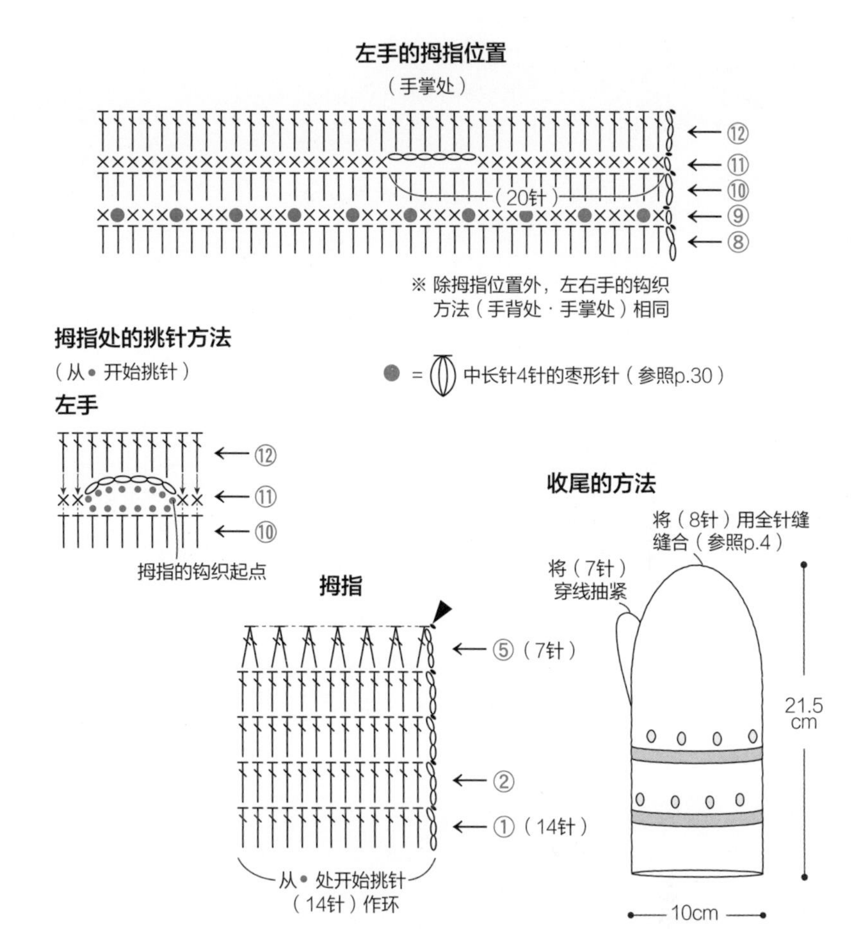

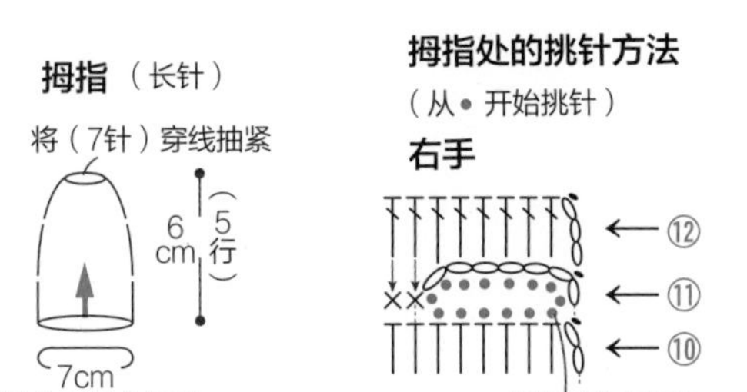

9,10,11 接(p.38)

收尾的方法

9
将前额的毛发缝合在手背的手指处，
把2个对折包缝好的犄角内侧朝里分别缝合在两侧

10
在指定位置缝上耳朵和嘴周部分

11
在指定位置缝上耳朵，
用黑色线绣8次缎绣完成眼睛部分

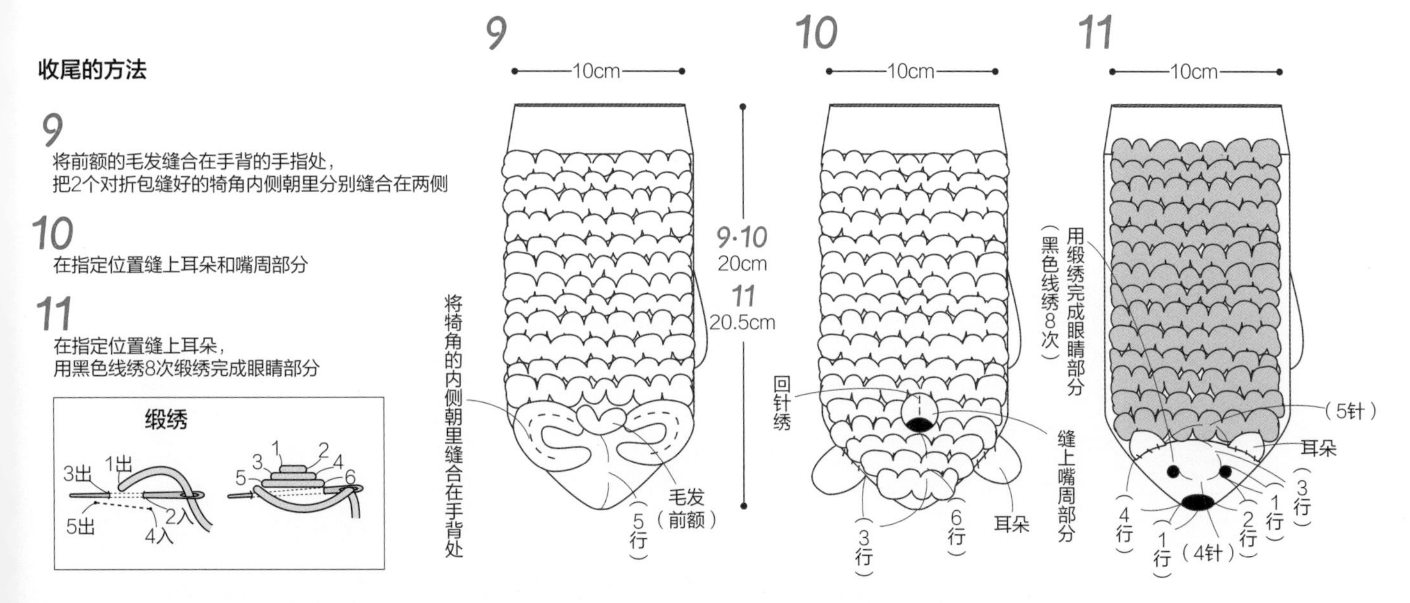

43,44,45,46,47,48,49,50 花片装饰

彩图… p.28～29 重点课程… p.31

＊ 材料和工具

线材 PUPPY

43 Princess Anny 藏青色（516）…80g、Puppy New 4PLY 黄色（448）…2g、Puppy New 3PLY 白色（302）…2g、芥黄色（370）·绿色（349）…各少许

44 Princess Anny 浅水蓝色（534）…80g、Puppy New 4PLY 黄色（448）…2g、Puppy New 3PLY 白色（302）…2g、芥黄色（370）·绿色（349）…各少许

45 Princess Anny 胭脂红（532）…80g、Puppy New 3PLY 黄绿色（369）…4g、浅黄色（365）·深粉色（358）·米白色（303）·粉白色（366）·紫色（362）…各2g

46 Princess Anny 米色（521）…80g、Puppy New 3PLY 黄绿色（369）…4g、浅黄色（365）·深粉色（358）·米白色（303）·紫色（362）·灰粉色（304）…各2g

47 Princess Anny 深绿色（511）…80g、Puppy New 4PLY 红梅色（439）…12g、艾绿色（453）…4g

48 Princess Anny 米色（521）…80g、Puppy New 4PLY艾绿色（453）…4g、Kid Mohair fine 浅粉色（4）…4g、粉色（5）…2g

49 Princess Anny 浅灰色（546）…80g、Puppy New 4PLY 黄色（448）·浅紫色（407）·浅紫红色（468）…各6g、艾绿色（453）…4g

50 Princess Anny 白色（502）…80g、Kid Mohair fine 白色（2）…4g、Puppy New 4PLY 黄色（448）…4g、Puppy New 3PLY 米白色（303）…4g、灰粉色（304）·粉白色（366）·绿色（349）…各2g、紫色（362）…少许

针 钩针5/0号（Princess Anny）、3/0号（Kid Mohair fine）、2/0号（Puppy New 4PLY、3PLY）

＊ 钩织密度 花样A 10组花样×21行

＊ 成品尺寸 掌围20cm、长21cm

＊ 钩织方法

1 钩织主体

起60针锁针，在第1针上引拔作环。第1行挑起锁针的半针和里山，根据花样图钩织。接着将花样A不加不减钩至第30行，钩织过程中在拇指位置钩9针锁针，制作拇指的开口（请注意左右开口位置的不同）。指尖部分按照花样图进行7行减针，最后将剩下的6针用卷针缝合（参照p.4）。在起针的锁针处挑20组花样，钩织4圈花样B。

2 钩织拇指

在拇指位置挑8针，钩13圈花样A。最后一行将剩余的8针穿线抽紧。

3 钩织各个花片，完成

钩织43和44的玛格丽特花和含羞草、45·46的小花和叶子、47·48的玫瑰和叶子、49的堇菜花和叶子、50的玫瑰·堇菜花·小花·含羞草。参照收尾的方法，将各个花片缝合在手背处的指定位置。

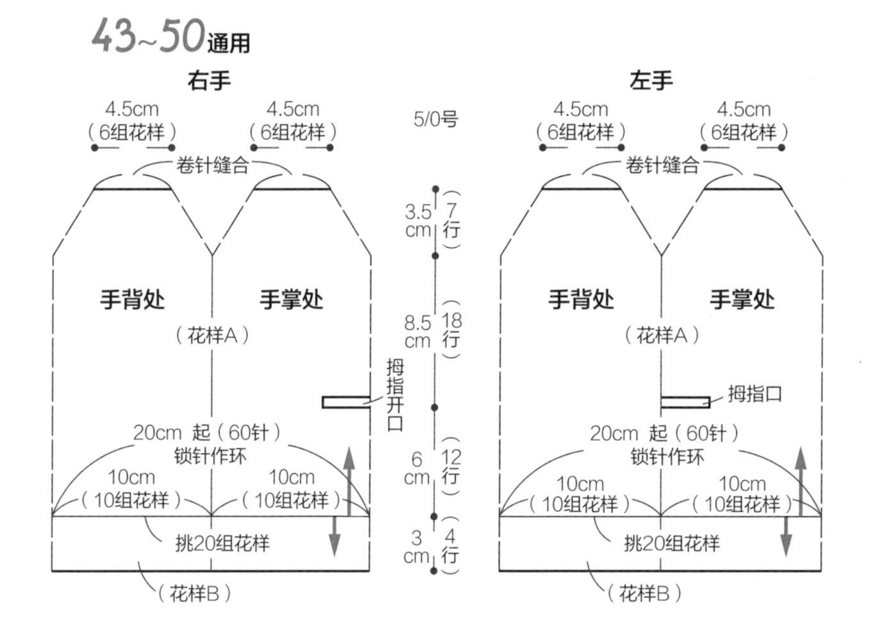

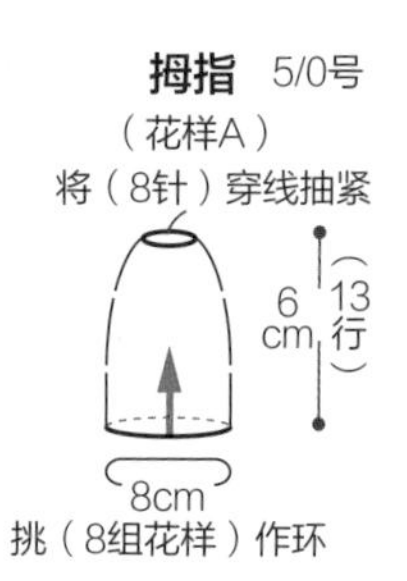

43~50 主体·拇指的配色表

43	藏青色	47	深绿色
44	浅水蓝色	48	米色
45	胭脂红	49	浅灰色
46	米色	50	白色

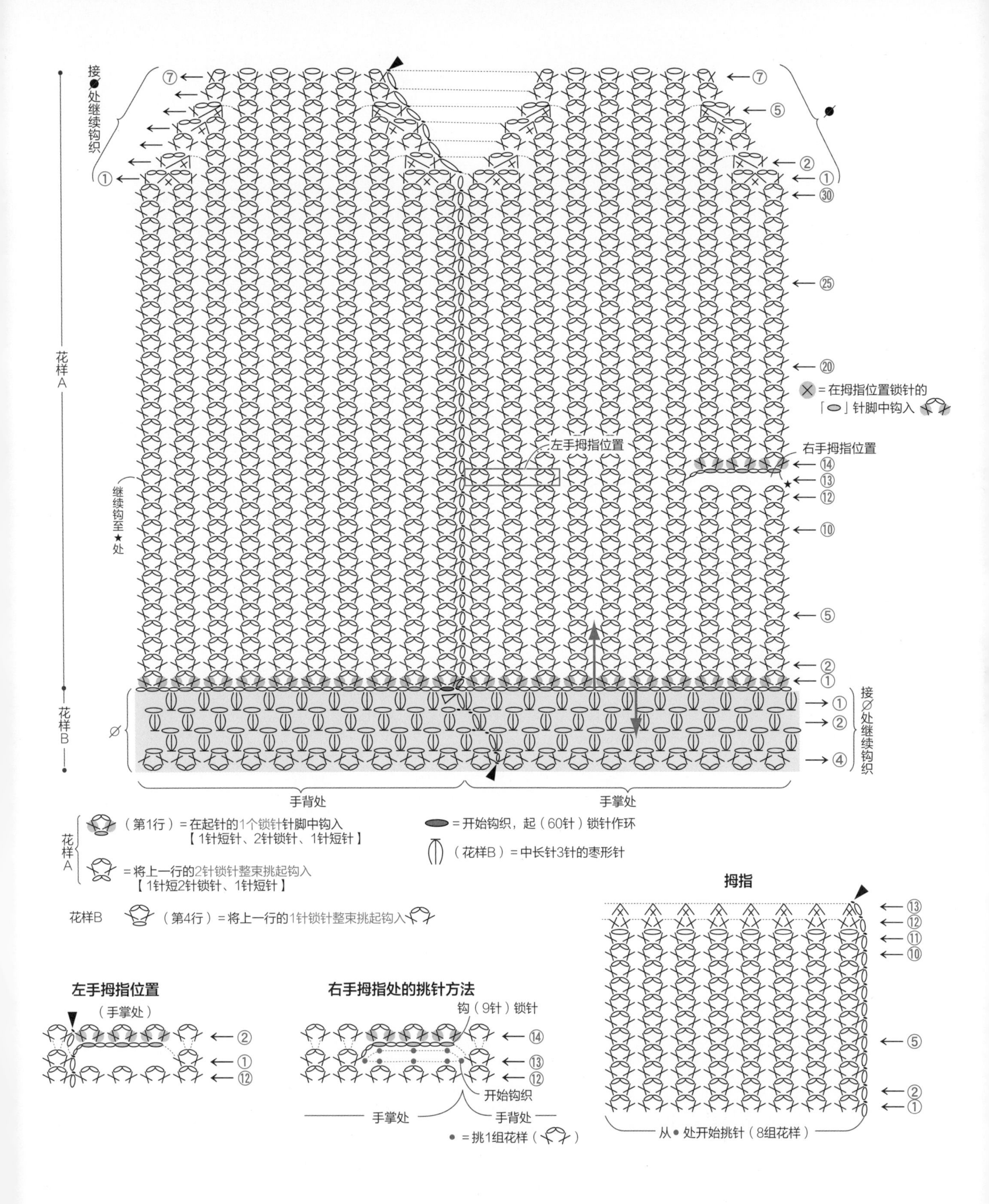

接●处继续钩织
①
②
⑤
⑦
⑳
㉕
㉚
花样A
花样B
继续钩至★处
左手拇指位置
右手拇指位置
⑩
⑫
⑬
⑭
⊗ = 在拇指位置锁针的「⬭」针脚中钩入
接⌀处继续钩织
④
手背处
手掌处
(第1行) = 在起针的1个锁针针脚中钩入【1针短针、2针锁针、1针短针】
= 将上一行的2针锁针整束挑起钩入【1针短2针锁针、1针短针】
= 开始钩织，起（60针）锁针作环
(花样B) = 中长针3针的枣形针
花样B (第4行) = 将上一行的1针锁针整束挑起钩入
拇指
⑪
从●处开始挑针（8组花样）
左手拇指位置
(手掌处)
右手拇指处的挑针方法
钩（9针）锁针
开始钩织
手掌处
手背处
● = 挑1组花样

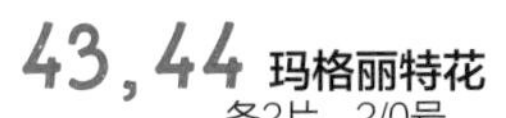

43,44 玛格丽特花
各2片　2/0号

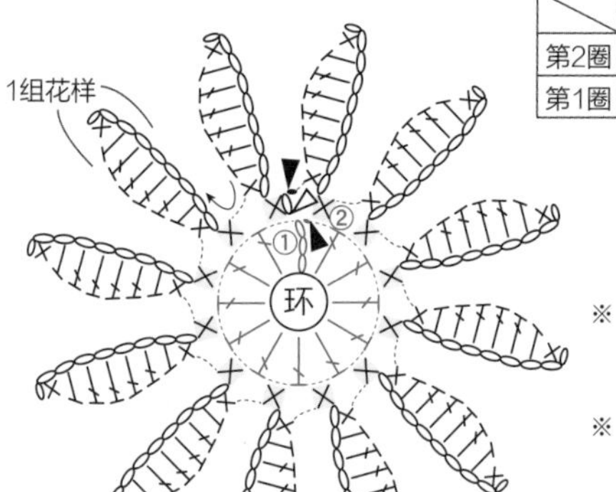

玛格丽特花的配色 · 针数表

	配色	针数
第2圈	白色	12组花样
第1圈	芥黄色	12针

※ 第2圈的短针（×）需在第1圈的针脚之间入针钩织。

※ 第2圈花瓣的×丅丅需挑起锁针的半针和里山进行钩织。

43,44
含羞草的花和叶子　第2圈=黄色　第1圈=绿色
各4片　2/0号

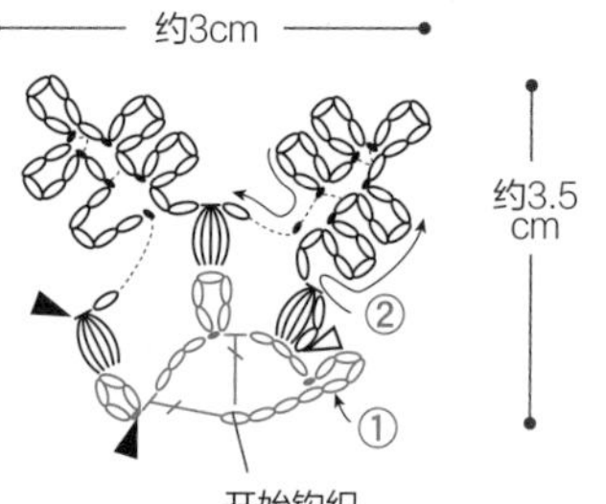

= 中长针5针的枣形针

45,46
叶子　2/0号
黄绿色　各4片

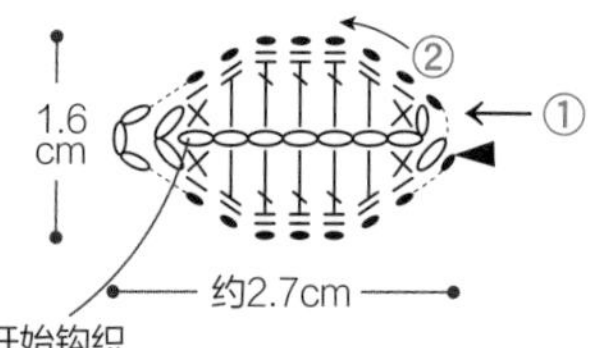

（第2圈）=引拔针的条纹针

47,48
叶子　2/0号
艾绿色　各4片

49
叶子　2/0号
艾绿色　4片

= 引拔针的条纹针

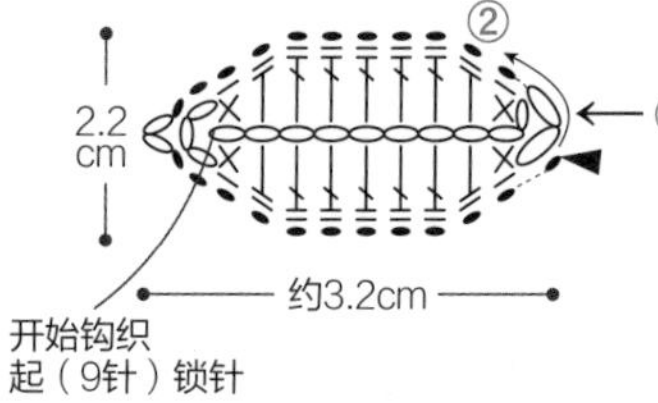

2.2 cm

约3.5cm

= 开始钩织，起（3针）锁针

45,46
小花　2/0号
a~f 各色 2片

小花的配色表

	第1圈	第2圈
a	浅黄色	深粉色
b	深粉色	米白色
c	黄绿色	粉白色
d	紫色	浅黄色
e	浅黄色	紫色
f	黄绿色	灰粉色

49
堇菜花
2/0号

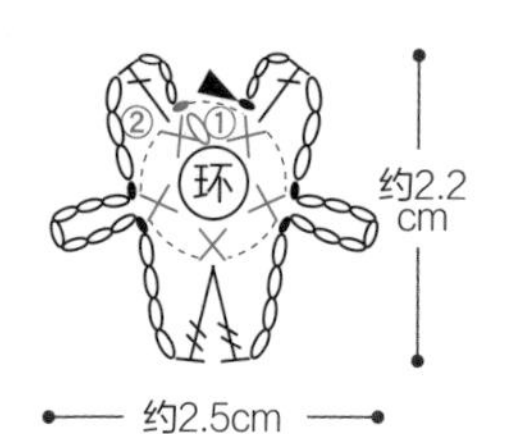

堇菜花的配色 · 片数表

	第1圈	第2圈	片数
a	黄色	浅紫色	8片
b	黄色	浅紫红色	6片
c	浅紫色	黄色	4片

47,48,50
玫瑰花
47=2/0号
48.50=3/0号

玫瑰花的配色 · 片数表

		配色	片数
47		红梅色	6片
48	a	粉色	2片
	b	浅粉色	4片
50		白色	4片

⑦ ⑥ ⑤ ④ ③ ② 环 6针

约3.5cm

※ **第4圈**的短针（×）需将第2 · 3圈翻折后，在第1圈的短针针脚里入针
第6圈的内钩长针（）需将第3~5圈翻折后，把第2圈的短针整束挑起入针（最后的内钩长针需将第1行的短针整束挑起进行钩织）
第7圈的最后1针（）需从花片的背面入针，在第1圈的短针针脚（×）上引拔（参照p.31）

50
含羞草的花和叶子
参照43用相同方法钩4片

堇菜花
参照49用相同方法钩6片
第2圈=米白色
第1圈=紫色

玫瑰花
参照47用相同方法钩4片
白色

50
小花　2/0号

小花的配色 · 片数表

	第1圈	第2圈	片数
a	灰粉色	粉白色	4片
b	灰粉色	米白色	6片

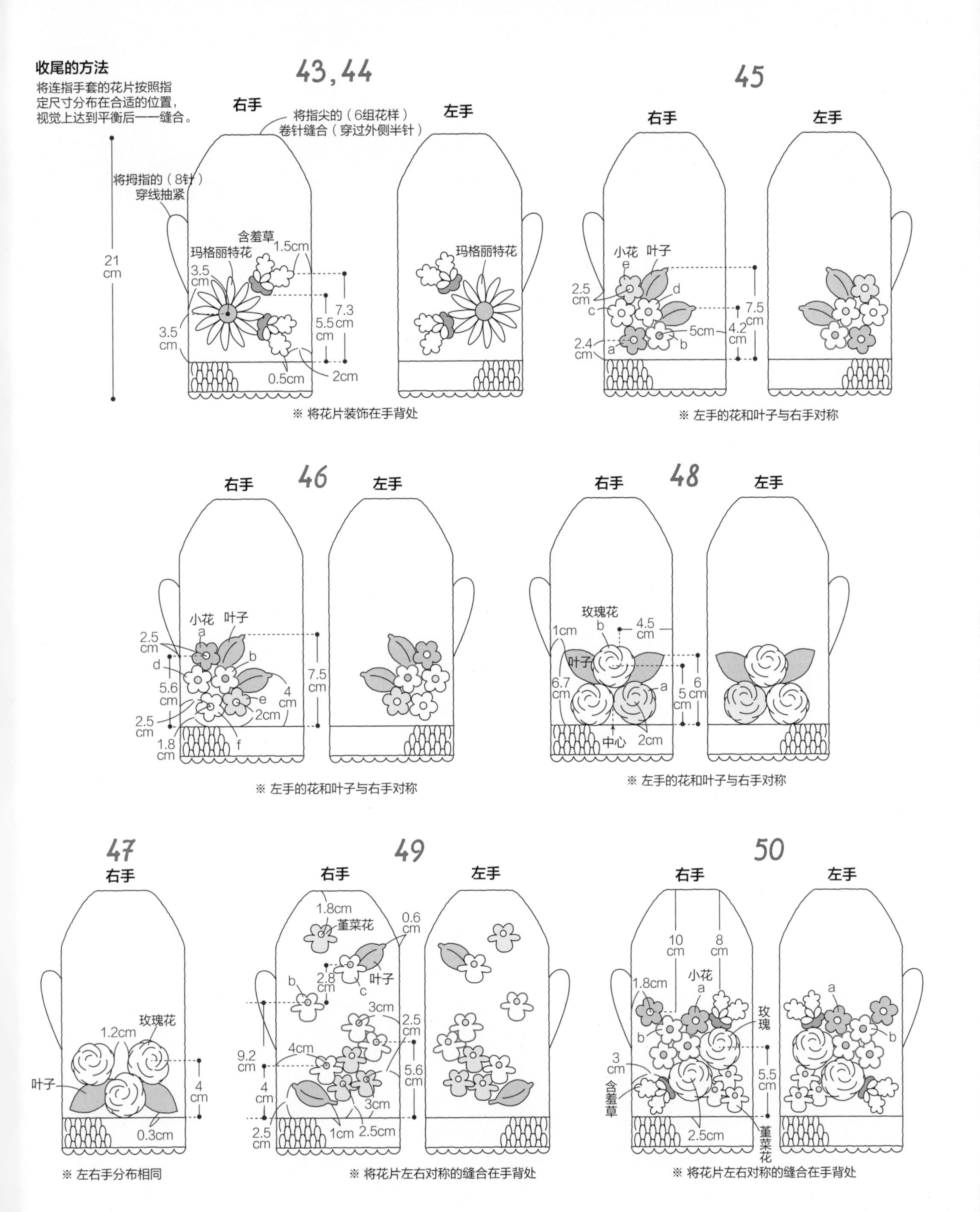

收尾的方法
将连指手套的花片按照指定尺寸分布在合适的位置，视觉上达到平衡后一一缝合。
43,44
右手
左手
将指尖的（6组花样）卷针缝合（穿过外侧半针）
将拇指的（8针）穿线抽紧
21 cm
含羞草
玛格丽特花
1.5cm
3.5 cm
7.3 cm
5.5 cm
3.5 cm
0.5cm
2cm
※ 将花片装饰在手背处
45
右手
左手
小花
叶子
e
d
c
b
a
2.5 cm
7.5 cm
5cm
4.2 cm
2.4 cm
※ 左手的花和叶子与右手对称
46
右手
左手
小花
叶子
a
b
d
e
f
2.5 cm
5.6 cm
7.5 cm
4 cm
2cm
2.5 cm
1.8 cm
※ 左手的花和叶子与右手对称
48
右手
左手
玫瑰花
b
a
叶子
1cm
4.5 cm
6.7 cm
6 cm
5 cm
中心
2cm
※ 左手的花和叶子与右手对称
47
右手
玫瑰花
叶子
1.2cm
4 cm
0.3cm
※ 左右手分布相同
49
右手
左手
1.8cm
堇菜花
0.6 cm
2.8 cm
叶子
b
c
3cm
2.5 cm
9.2 cm
4cm
5.6 cm
4 cm
3cm
2.5 cm
1cm
2.5cm
※ 将花片左右对称的缝合在手背处
50
右手
左手
10 cm
8 cm
1.8cm
小花
a
b
玫瑰
3 cm
含羞草
5.5 cm
2.5cm
堇菜花
※ 将花片左右对称的缝合在手背处

钩针编织基础

符号图的理解方法

本书中的编织符号均按照日本工业标准（JIS）规定，表现的是织片正面所呈现的状态。
钩针编织不区分正针和反针（内钩针和外钩针除外），正面和反面交替钩织时，钩织符号的表示是相同的。

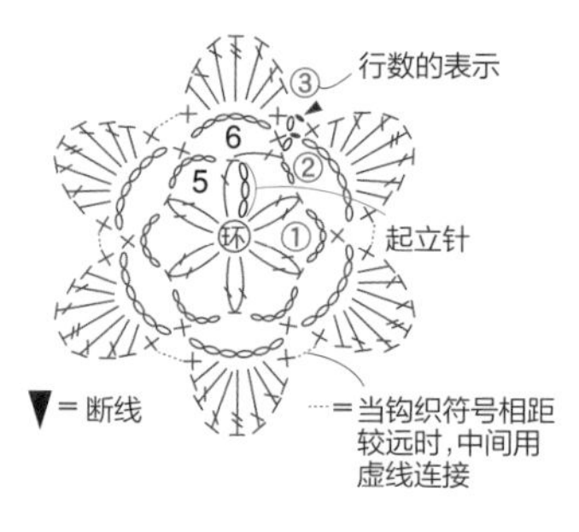

从中心开始进行环形钩织时

在中心作环形（或锁针）起针，依照环形逐圈钩织。每圈起始位置都需要先钩起立针（立起的锁针）再继续钩织。一般是将织片正面朝上，按从右往左的顺序进行钩织。

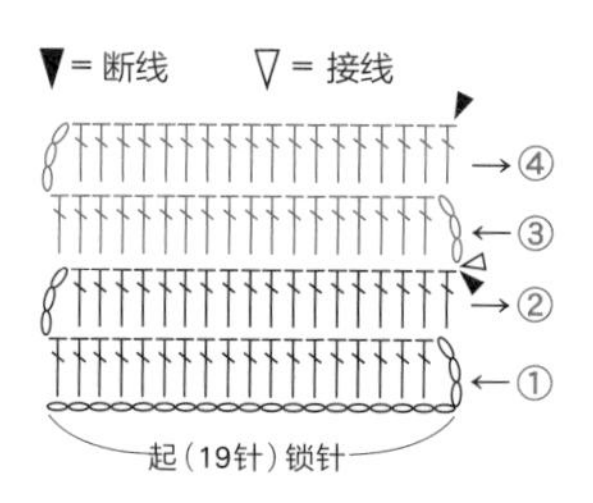

片织时

起立针分别位于织片的左右两侧。当起立针位于织片右侧时，在织片正面按照图示从右往左进行钩织。当起立针位于织片左侧时，在织片反面按照图示从左往右进行钩织。图中表示在第3行根据配色进行换线。

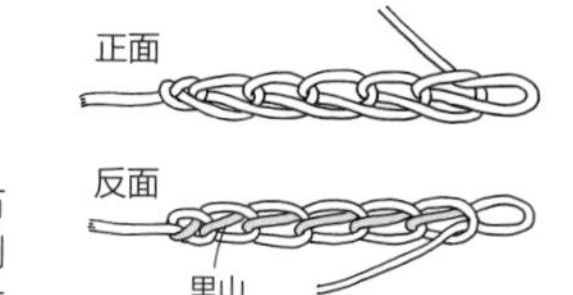

锁针的识别方法

锁针有正反两面。反面中间突出的一根线，称为锁针的"里山"。

线和针的握法

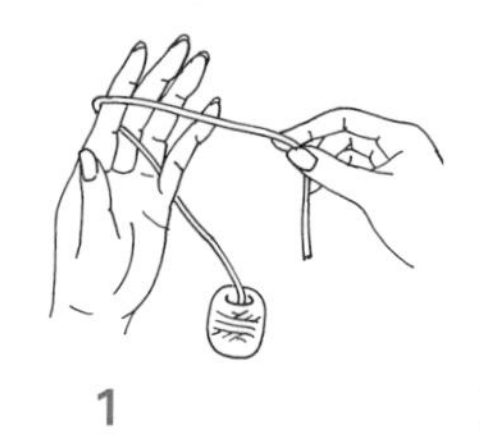

1 将线穿过左手的小指和无名指，绕过食指，置于手掌前。

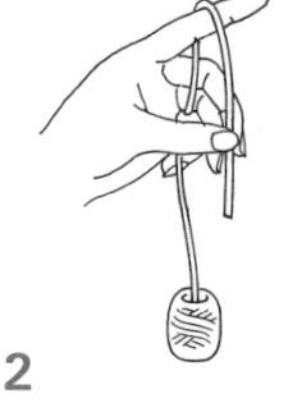

2 用大拇指和中指捏住线头，竖起食指使线绷紧。

3 用右手大拇指和食指持针，中指轻轻抵住针头。

基本针的起针方法

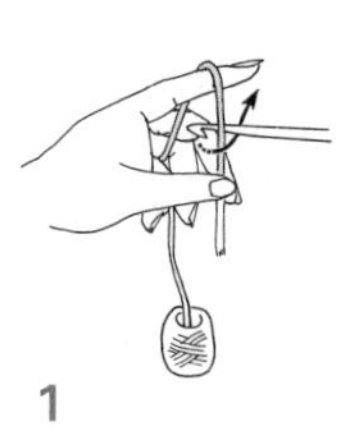

1 将钩针放在线的内侧，按箭头所示方向转动钩针。

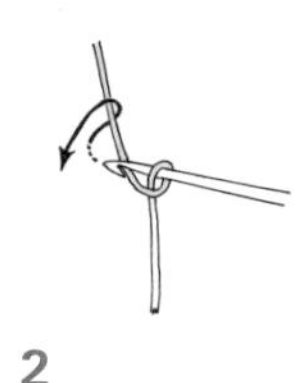

2 再将线挂在针上。

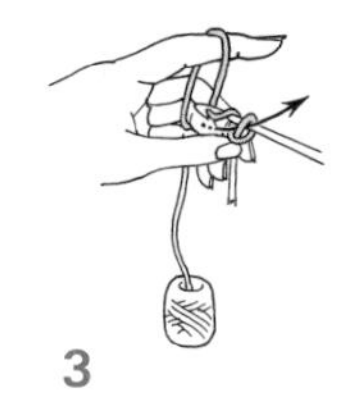

3 将钩针从线圈中拉出。

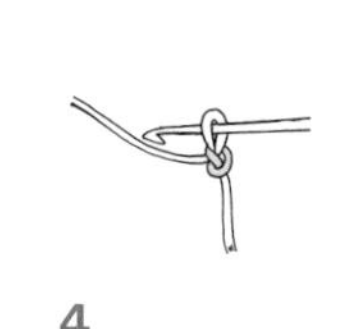

4 拉线头收紧线圈，基本针便完成了（此针不计入针数）。

起针

从中心开始进行环形钩织时（绕线作环起针）

1 在左手食指上绕2圈线作环。

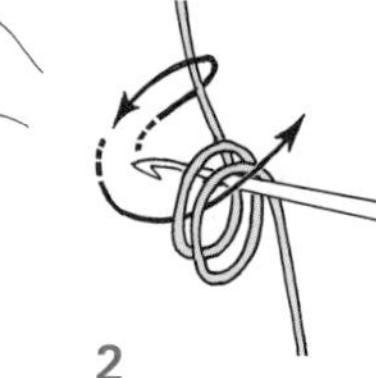

2 从食指上取下环后用手捏住，钩针插入环中，按照箭头所示方向挂线后引出。

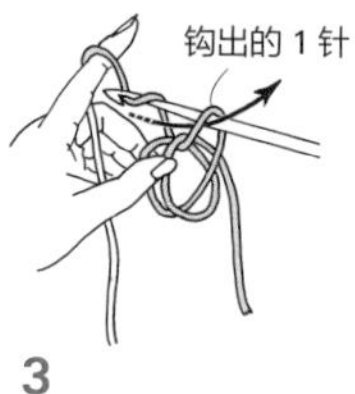

3 继续在钩针上挂线引出，完成1针锁针，作为起立针。

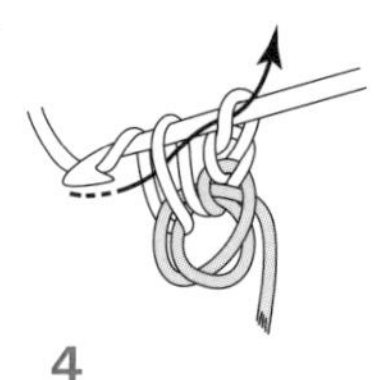

4 将针插入环内，继续钩织所需数目的短针，完成第1圈。

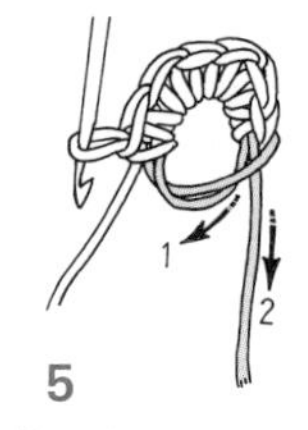

5 将钩针抽出，先拉紧线头1，接着拉紧线头2。

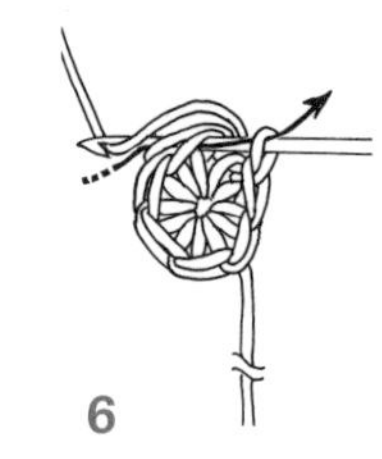

6 第1圈结束时，将钩针插入起针的第1个短针顶部，挂线引出。

从中心开始进行环形钩织时（锁针作环起针）

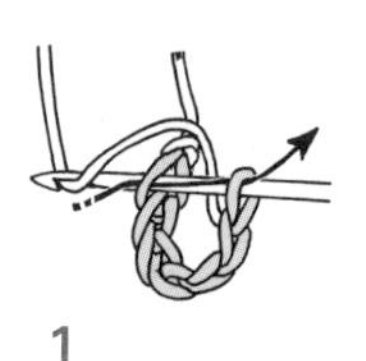

1 钩织所需数目的锁针，在起始的锁针的半针处入针，挂线引出。

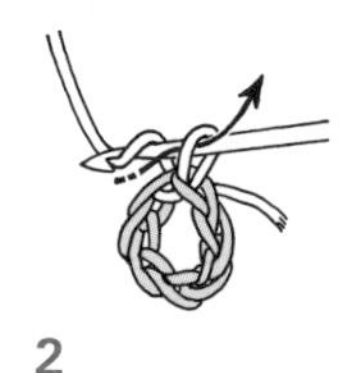

2 在针上挂线后引出，1针起立针便完成了。

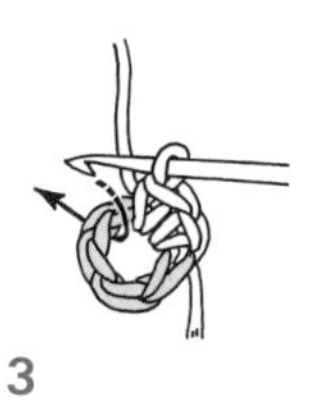

3 将钩针插入环内，把锁针整束挑起，钩织所需数目的短针。

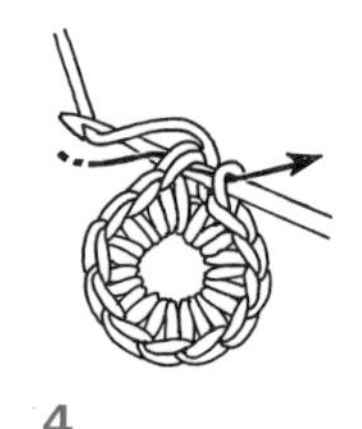

4 第1圈结束时，将钩针插入起针的第1个短针顶部，挂线引出。

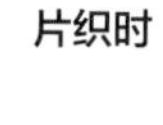

片织时

1 钩织所需数目的锁针和起立针，然后将钩针插入倒数第2个锁针的半针内，挂线引出。

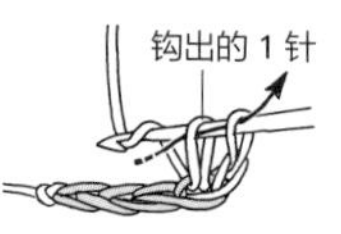

2 在针上挂线后，按照箭头所示方向引出。

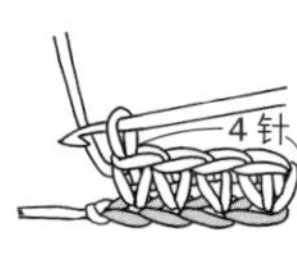

3 第1行完成后的状态（起立针不算1针）

在上一行挑针的方法

在1个针脚中钩织　　将锁针整束挑起钩织

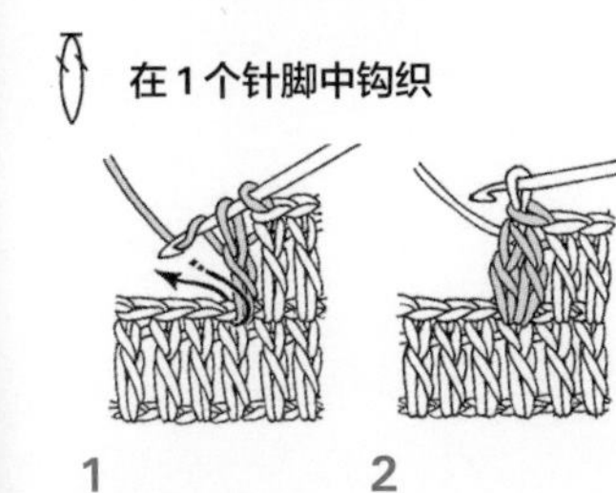
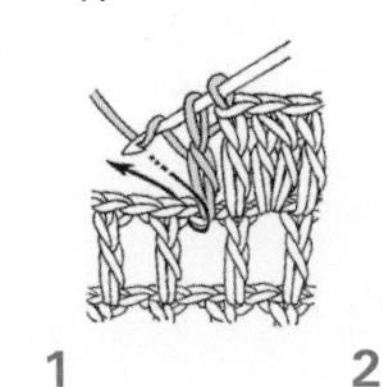
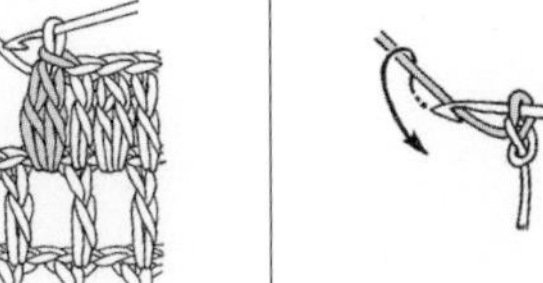

1　2　1　2

根据符号的不同，即使是相同的枣形针挑针方式也不同。符号下方为密闭状态时，要在上一行的1个针脚处挑针，符号下方为镂空状态时，则要将上一行的锁针整束挑起进行钩织。

引拔针

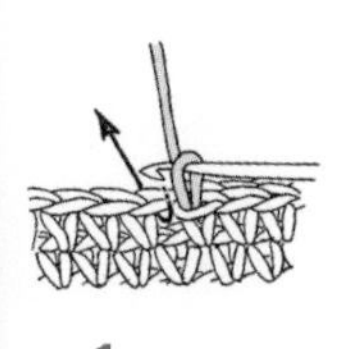
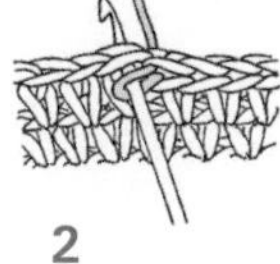
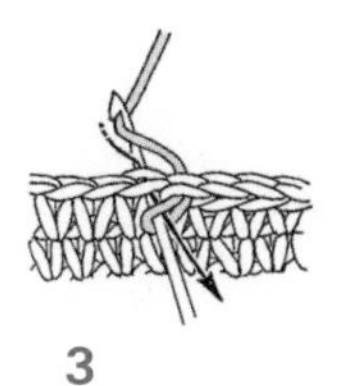
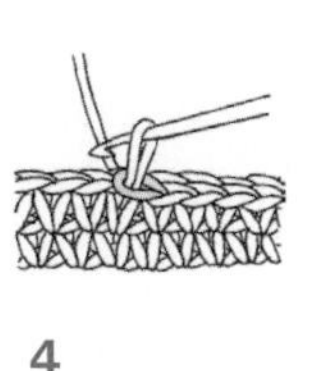

1 在上一行的针脚处入针。

2 在针上挂线。

3 将线一次性引出。

4 1针引拔针完成。

中长针

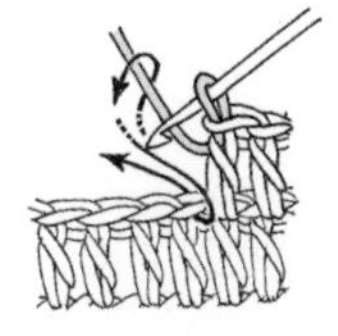
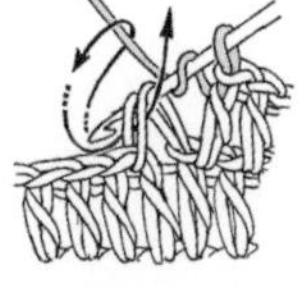
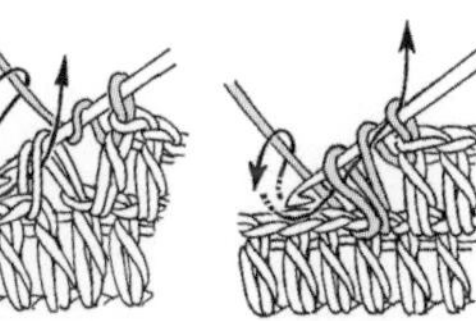
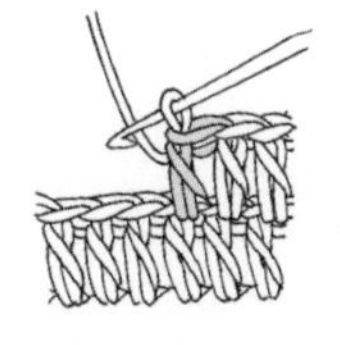

1 针上挂线，在上一行的针脚处入针。

2 再挂线，然后在朝向自己的方向转动钩针，将线引出。（此时称作“未完成的中长针”）

3 针上挂线，一次性引拔穿过3个线圈。

4 1针中长针完成。

长长针　　三卷长针

＊（　）内为钩织三卷长针时的情况

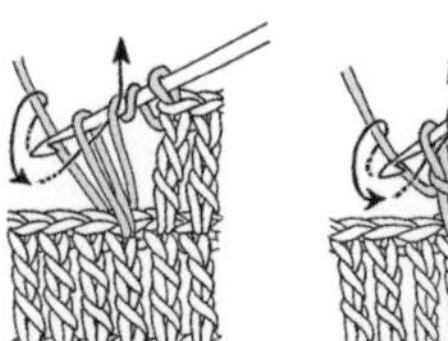
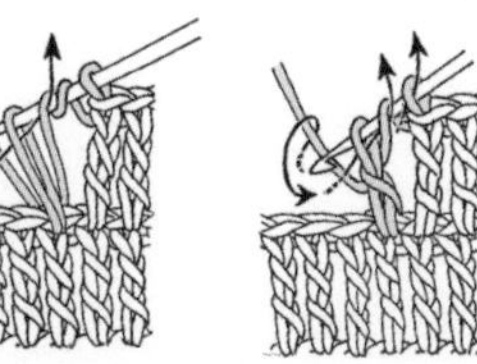
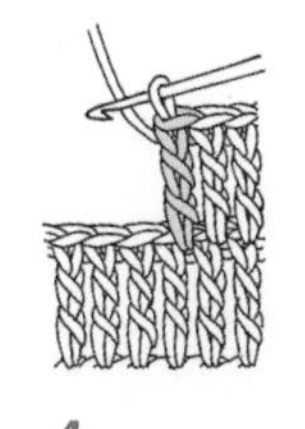

1 在针上绕2圈线（3圈），将钩针插入上一行的针脚，针上挂线穿过线圈引拔钩出。

2 按照箭头所示方向挂线，一次性引拔穿过前2个线圈。

3 同样的步骤重复2次（3次）。

4 1针长长针完成。

钩针编织符号

锁针

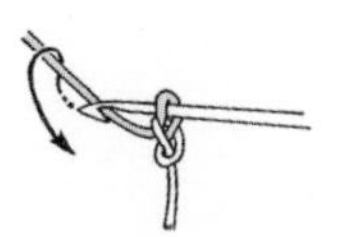
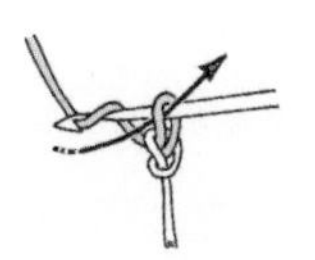
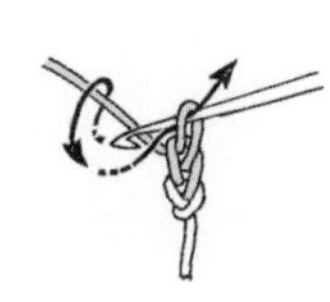
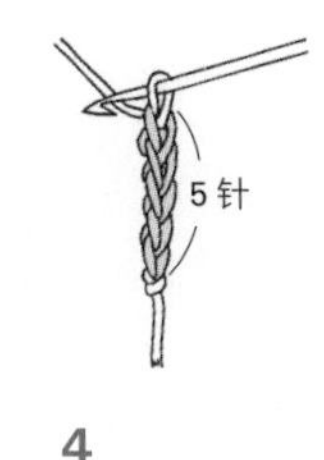

1 起针后按照箭头所示方向转动钩针。

2 挂线，将线引出。

3 重复步骤1和2继续钩织。

4 5针锁针完成。

短针

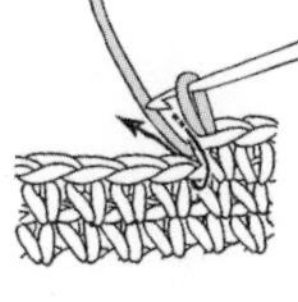
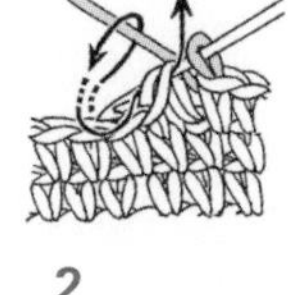
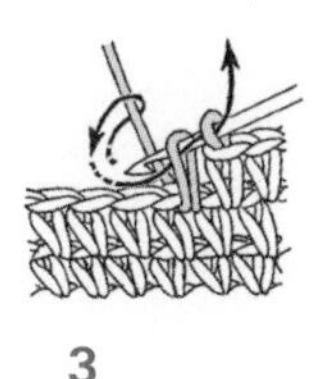

1 在上一行的针脚处入针。

2 在针上挂线，在朝向自己的方向转动钩针，将线引出。

3 挂线，一次性引拔穿过2个线圈。

4 1针短针完成。

长针

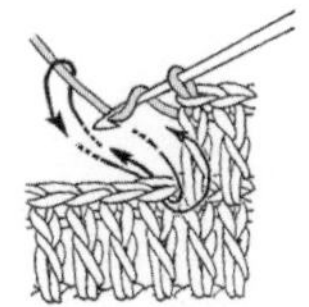
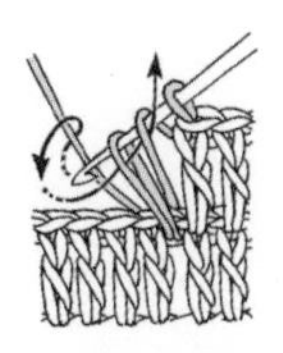
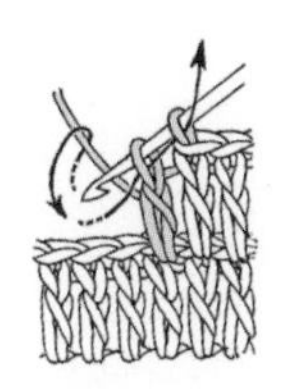
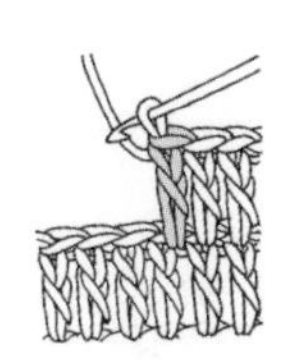

1 针上挂线，在上一行的针脚处入针，转动钩针将线挂住引出。

2 按照箭头所示方向挂线，一次性引拔穿过前2个线圈。（此时称作“未完成的长针”）

3 再一次针上挂线，按照箭头所示方向将剩下的2个线圈一次性引出。

4 1针长针完成。

长针3针的枣形针　　长长针3针的枣形针

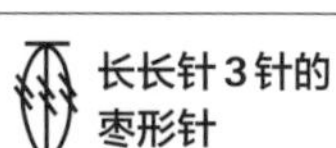

＊（　）内为钩织长长针3针的枣形针时的情况

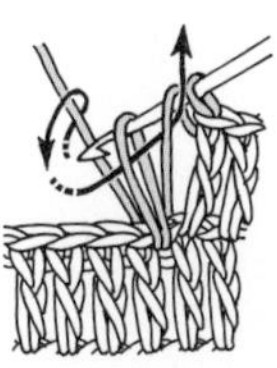
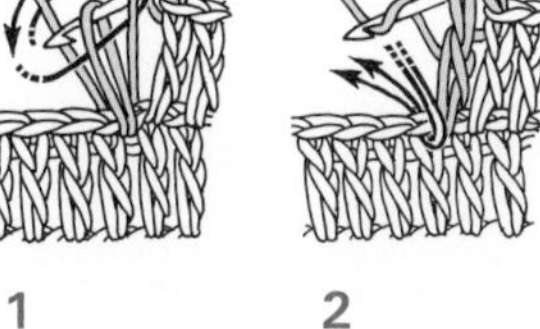
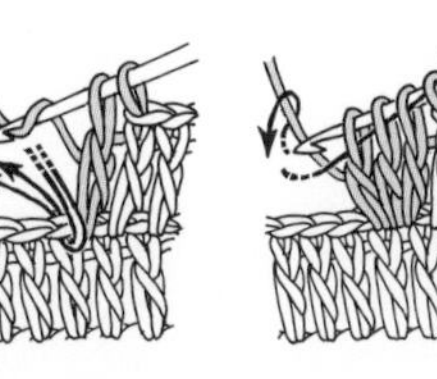
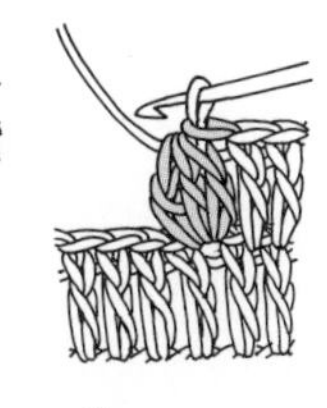
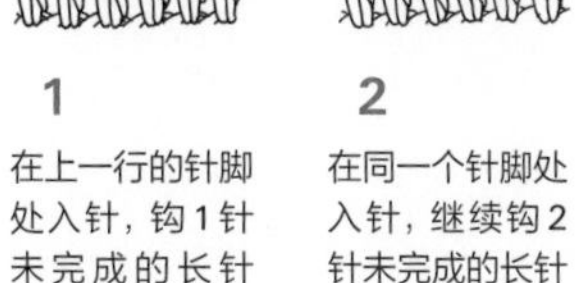

1 在上一行的针脚处入针，钩1针未完成的长针（长长针）。

2 在同一个针脚处入针，继续钩2针未完成的长针（长长针）。

3 针上挂线，一次性引拔穿过4个线圈。

4 长针3针的枣形针完成。

短针2针并1针

1

在上一行的针脚入针，按照箭头所示方向挂线，将线引出。

2

在下1针处，用同样方法挂线再钩1针（然后再在下一个针脚处钩1针）。

短针3针并1针

*（ ）内为短针3针并1针时的情况

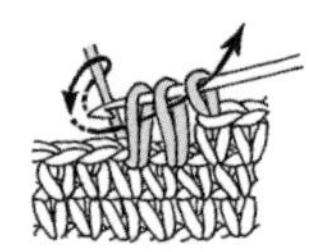

3

针上挂线，一次性引拔穿过钩针上的3个线圈（4个线圈）。

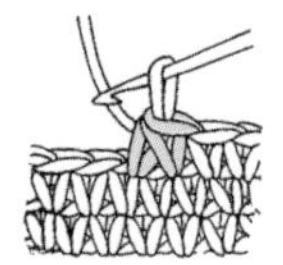

4

短针2针（3针）并1针完成。此时比上一行针数减少1（2）针。

短针1针分2针

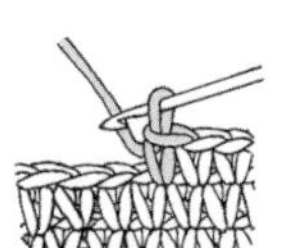

1

钩1针短针。

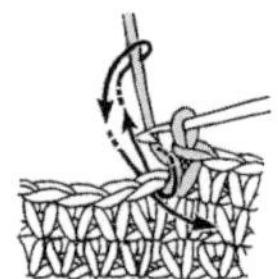

2

在同一个针脚处入针，挂线再钩1针短针。

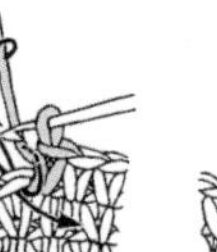

3

短针1针分2针完成。在同一针脚处再钩1针短针。

短针1针分3针

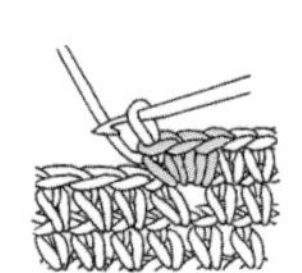

4

短针1针分3针完成。此时比上一行针数增加2针。

长针2针并1针

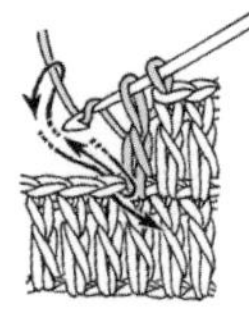

1

在以上一行中钩织1针未完成的长针，然后在下一针中入针，按照箭头所示方向挂线引出。

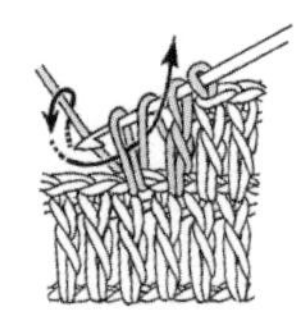

2

针上挂线，钩第2针未完成的长针。

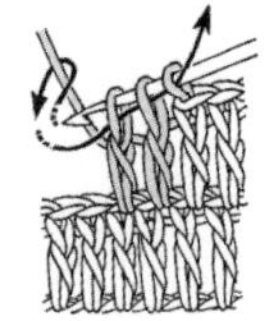

3

针上挂线，一次性引拔穿过3个线圈。

4

长针2针并1针完成。此时比上一行针数减少1针。

长针1针分2针

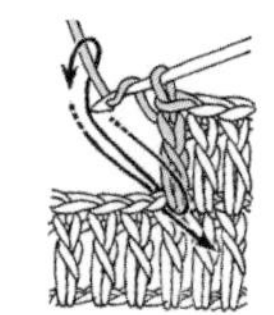

1

钩1针长针，针上挂线后在同一针脚处入针，再次将线引出。

2

针上挂线，一次性引拔穿过前2个线圈。

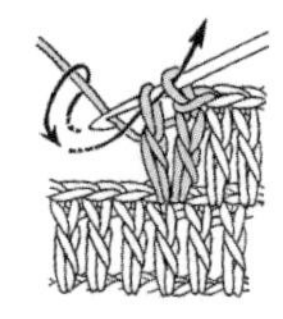

3

再次挂线，将剩余的2个线圈一次性引拔。

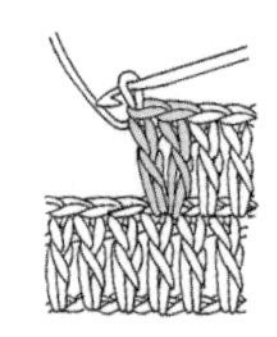

4

长针1针分2针完成。此时比上一行针数增加1针。

锁针3针的狗牙拉针

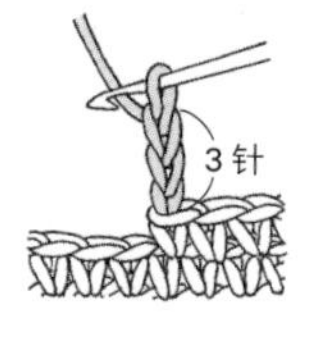

1

钩织3个锁针。

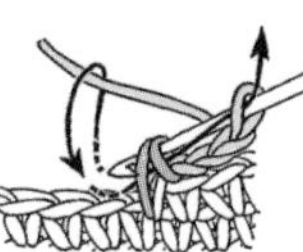

2

如图所示同时挑起短针的顶部半针和底部的1根线。

3

针上挂线，按照箭头所示方向从3个线圈中一次性引拔拉出。

4

锁针3针的狗牙针完成。

长针5针的爆米花针

1

在上一行的同一针脚处钩5针长针，完成后暂时抽出钩针，按照箭头所示方向重新入针。

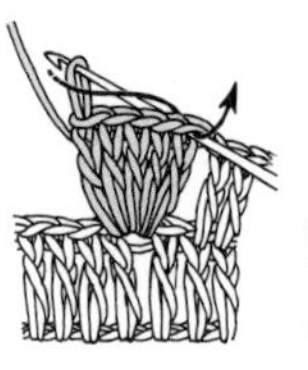

2

按照箭头所示方向将针上的线圈引出。

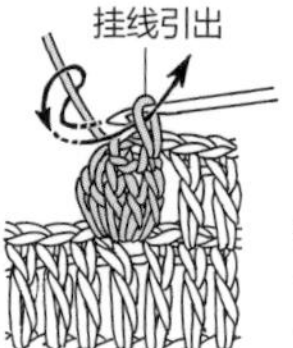

3

接着钩1针锁针，收紧线圈。

4

长针5针的爆米花针完成。

短针的条纹针

*每一圈朝着同一个方向钩织短针的条纹针。

引拔针的条纹针 =●

中长针的条纹针 =▲

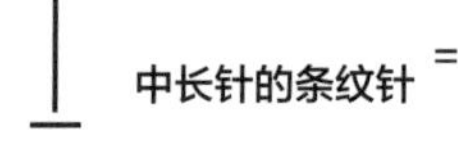

长针的条纹针 =■

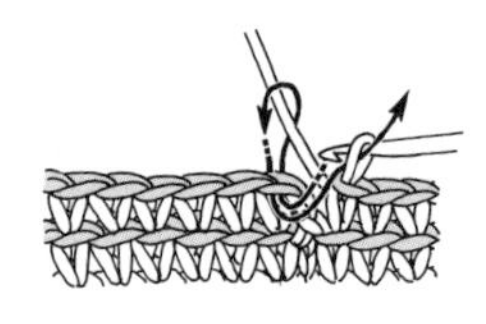

1

每一圈在正面钩织。连续钩织短针，并在起始针上引拔。

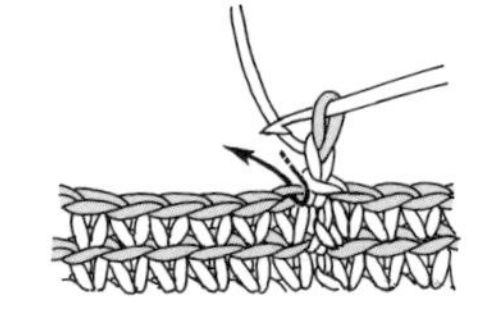

2

钩1针锁针作为起立针（●＝不钩立起的锁针，▲＝2针，■＝3针），挑起上一行的后半针，钩织短针（●＝引拔针，▲＝中长针，■＝长针）。

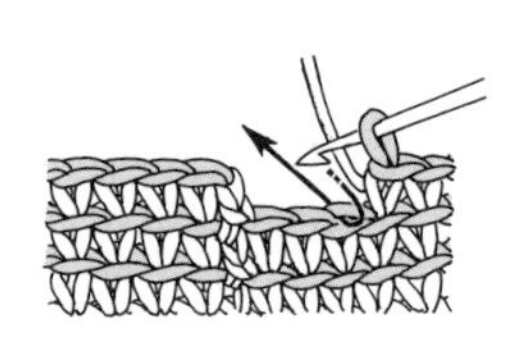

3

按照同样的步骤重复钩织短针（●＝引拔针，▲＝中长针，■＝长针）的条纹针。

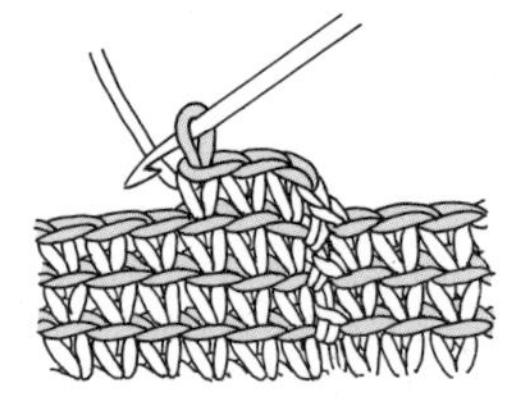

4

上一行留下的前半针呈现条纹状。图中为钩织第3圈短针的条纹针时的状态。

长针1针的右上交叉针

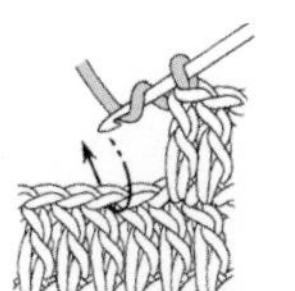

1

针上挂线，跳过1针，在箭头所示位置入针，钩1针长针。

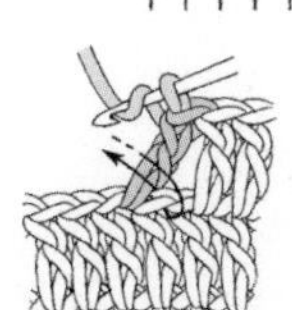

2

针上挂线，按照箭头所示方向，在上一步跳过的针脚处入针。

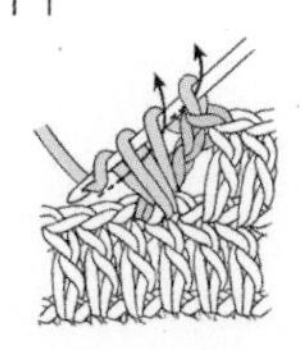

3

针上挂线，在朝向自己的方向钩1针长针。

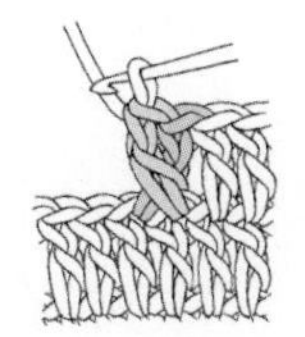

4

长针1针的右上交叉针完成。

长针1针的左上交叉针

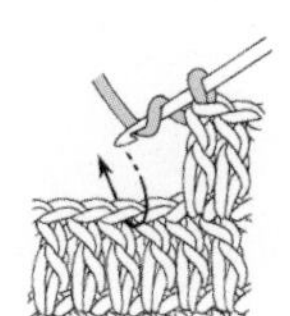

1

针上挂线，跳过1针，在箭头所示位置入针，钩1针长针。

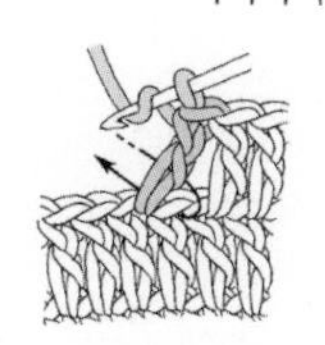

2

针上挂线，将钩针放在上一步完成的长针后侧，并在上一步跳过的针脚处入针。

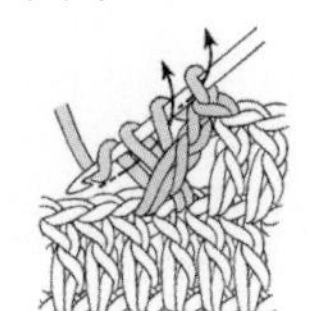

3

针上挂线，钩1针长针。

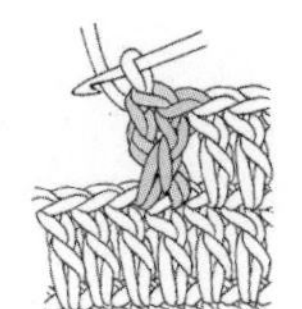

4

长针1针的左上交叉针完成。

长针1针和2针的变形右上交叉针

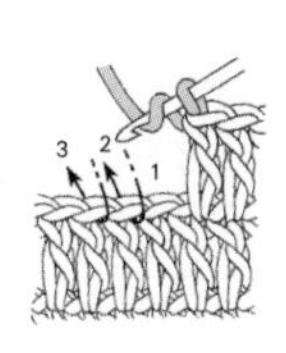

1

针上挂线，跳过1针，在第2针和第3针的位置按照箭头所示方向入针，钩2针长针。

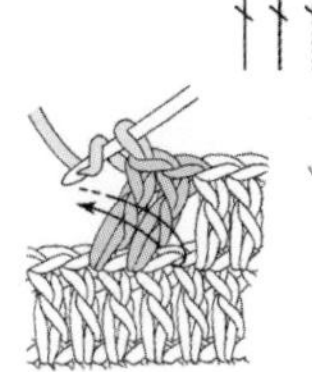
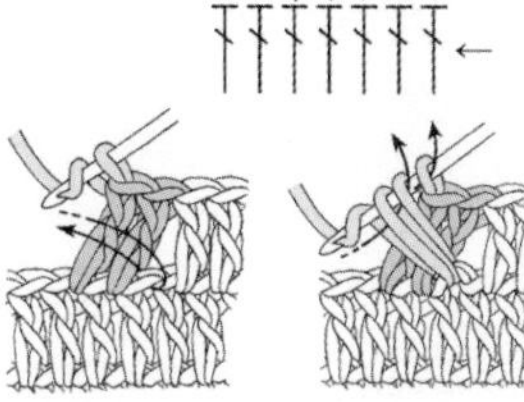

2

针上挂线，在跳过的第1针处按照箭头所示方向入针。

3

针上挂线，在朝向自己的方向钩出1针长针。

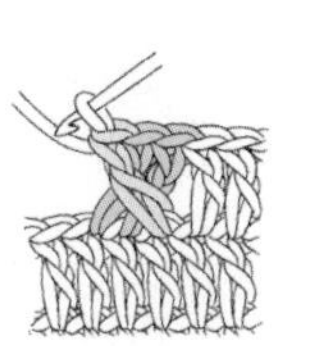

4

长针1针和2针的变形右上交叉针完成。

长针1针和2针的变形左上交叉

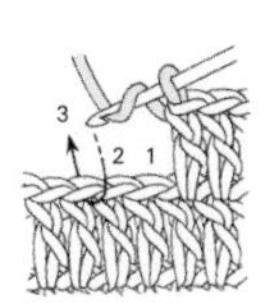

1

针上挂线，跳过2针，在第3针的位置按照箭头所示方向入针，钩1针长针。

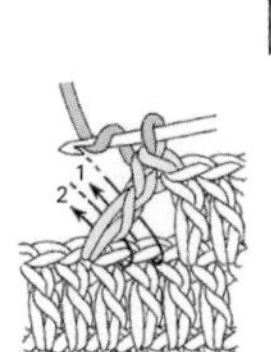

2

针上挂线，将钩针放在上一步完成的长针后侧，按照箭头所示顺序分别钩2针长针。

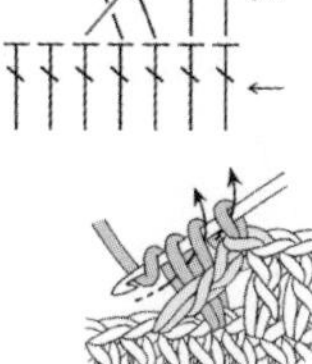

3

针上挂线引出，在1处钩织1针长针。以同样的方式在2处继续钩织1针长针。

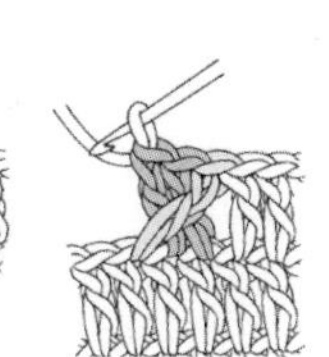

4

长针1针和2针的变形左上交叉针完成。

配色花样的钩织方法（圈织时在每圈末尾换线的方法）

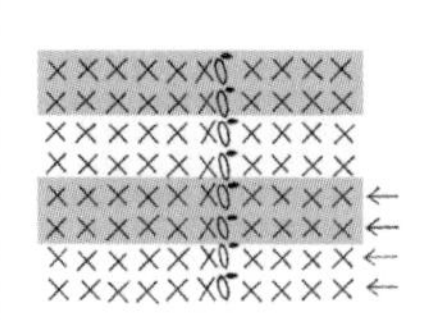

1

在完成1圈末尾的最后一针短针时，把暂时不钩的线（a色）放于织片后侧，将下一圈要用到的线（b色）引拔钩出。

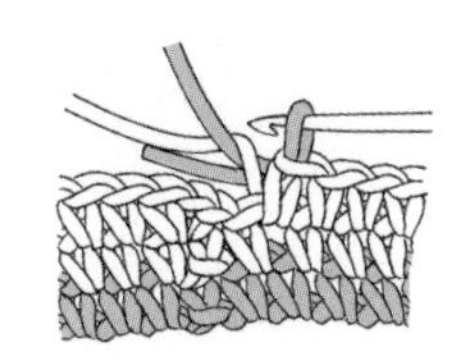

2

引拔完成后的样子。将a色线放于后侧，在第1针短针处入针，引拔钩出b色线完成本圈。

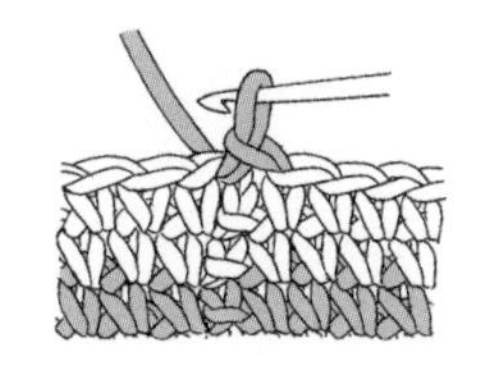

3

引拔完成后的状态。

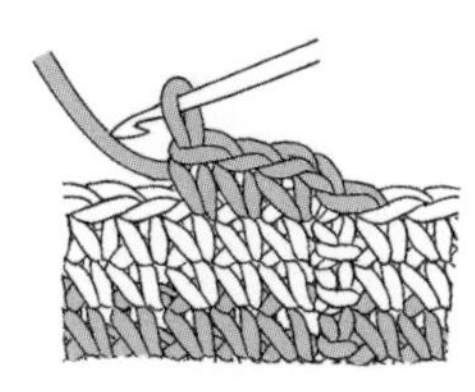

4

钩1针锁针作为起立针，继续钩织短针。

配色花样的钩织方法（横向包入渡线的钩织方法）

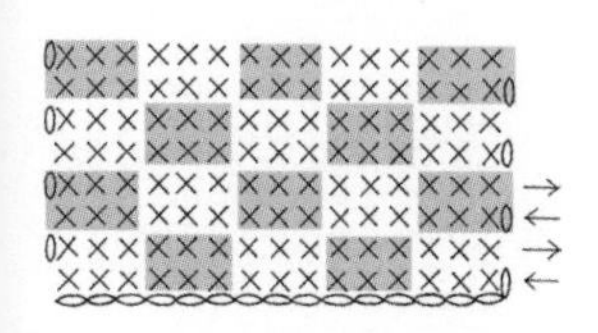

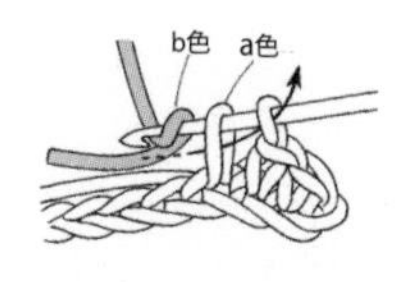

1

要进行换色时，在上一个短针的最后一步将配色线（b色）引出。

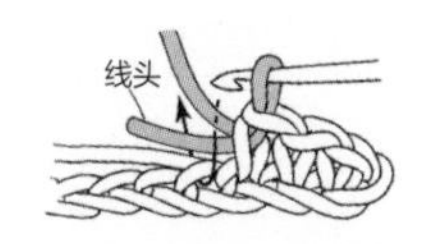

2

引拔完成后的状态。继续用b色线钩织，并在钩织时将底色线（a色）和b色线的线头包入。包渡线钩织的同时已经将线头收好，后面不用再处理线头。

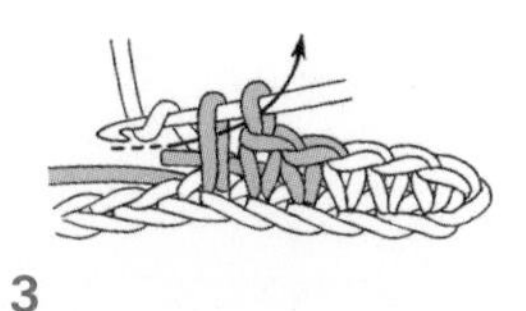

3

需要再次使用a色线时，在上一个短针的最后一步将作为渡线的a色线引出。

外钩长针

＊在往返编织反面时，钩织内钩长针。

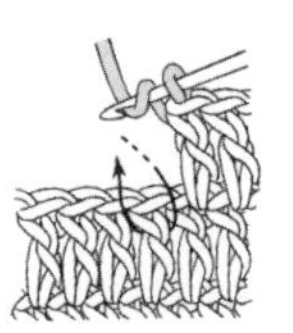

1
针上挂线，按照箭头所示方向从上一行长针的根部入针，挑起整束长针。

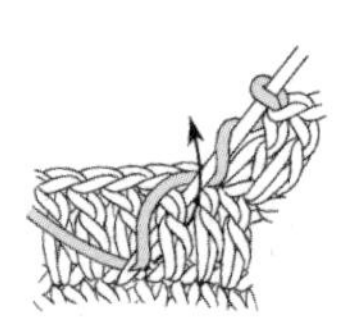

2
针上挂线，按照箭头所示方向将线稍稍拉长后引出。

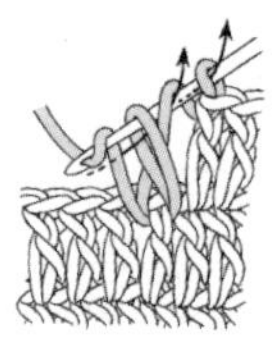

3
再一次挂线，一次性引拔穿过2个线圈，重复同样的动作1次。

4
1针外钩长针完成。

内钩长针

＊在往返编织反面时，钩织外钩长针。

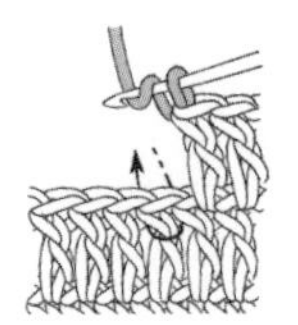

1
针上挂线，按照箭头所示方向从上一行长针根部的反面入针。

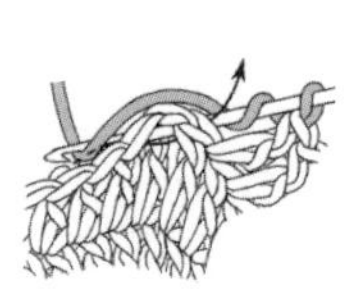

2
针上挂线，按照箭头所示方向从织片的另一侧引出。

3
将线稍稍拉长，再一次针上挂线，一次性引拔穿过2个线圈，重复同样的动作1次。

4
1针内钩长针完成。

刺绣基础

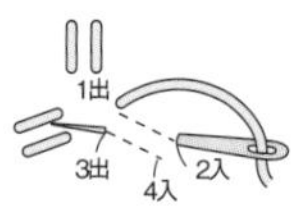

直针绣

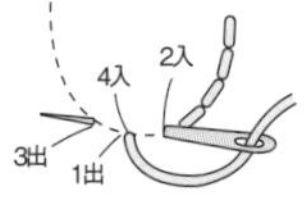

回针绣

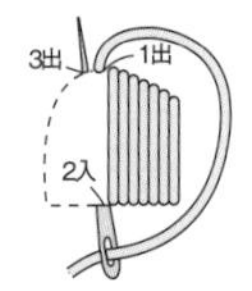

缎绣

其他基础索引

原文书名：かぎ針で編むほっこりあったかミトン 50
原作者名：E&G CREATES

著作权合同登记号：图字：01-2017-2507

图书在版编目（CIP）数据

钩编温暖的连指手套 50 款 / 日本 E&G 创意编著；叶宇丰译．-- 北京：中国纺织出版社，2018.1
ISBN 978-7-5180-4250-0

Ⅰ．①钩… Ⅱ．①日… ②叶… Ⅲ．①手套－钩针－编织－图集 Ⅳ．① TS941. 763. 8-64

中国版本图书馆 CIP 数据核字（2017）第 265100 号

责任编辑：刘　茸　　特约编辑：张　瑶
责任印制：储志伟　　责任设计：培捷文化

中国纺织出版社出版发行
地址：北京市朝阳区百子湾东里 A407 号楼　邮政编码：100124
销售电话：010—67004422　传真：010—87155801
http: //www.c-textilep.com
E-mail: faxing@c-textilep.com
中国纺织出版社天猫旗舰店
官方微博 http://weibo.com/2119887771
北京华联印制有限公司印刷 各地新华书店经销
2018 年 1 月第 1 版第 1 次印刷
开本：889 × 1194　1/16　印张：4
字数：48 千字　定价：39.80 元

凡购本书，如有缺页、倒页、脱页，由本社图书营销中心调换